不同场景应对方法

这样的时候应该怎么办？

育儿别再感情用事

(日) 高祖常子 著
(日) 上大冈留 插图
王春梅 译

辽宁科学技术出版社
·沈阳·

篇首语

我的第一本有关育儿的图书面世，已经过了2年的时间。

由衷感谢阅读此书的读者。

希望您现在拿在手里的这本书，也同样能在各种育儿场景中给您一些提示和帮助。本书中出现的问题，都来自正在经历育儿过程的新手爸爸和新手妈妈。那么，当您感到“这孩子真让人头疼”的时候，不妨参考一下本书中的提示。

为直接回答每一个事例，书中均采用问答的形式进行讲解。

这本书中，有我在各种场景中学到的心得，还有自己在培养3个孩子过程中的亲身体验，更有在接受个别咨询时给出的建议。同时，承蒙上大冈留先生协助绘制了简明易懂的插图，希望这样的形式能使各位读者更容易理解本书内容，从而能够在各种场景中随机应变地挑选应对方法和小妙招。

就我个人而言，我从北海道一直到冲绳，足迹遍布日本各地，因此有幸遇见了妊娠中的准妈妈和准爸爸、刚开始育儿生涯的新手爸妈、育儿专家、正在学习幼儿教育的大学生等，在每一次与大家见面时，我的主题都万变不离其宗——“育儿不要感情用事”。我最近听说，有些读者期待着我通过这本书召开专门的学习会。这让我欣喜地感到，是不是“不动手、不怒吼的育儿方式”正在悄然成为主流理念呢？

可是之后不久，我遇见这样一位妈妈。她一边流泪一边跟我说：“之前听了高祖老师的话，一直坚持着不跟孩子动手。可是这几天，还是没忍住动手了……”这样的家长并非少数。也有的妈妈苦恼不堪，所以再次来听我的讲座，散场后跟我哭诉说“本来不想打孩子……”，随后甚至表述出了对自己的厌恶。

虽然有强烈的“不动手，不怒吼”的信念，尽力心平气和地跟孩子沟通和相处，但还是有很多新手爸妈困惑于“臣妾做不到啊”“遇到这种情况怎么才能冷静下来”的问题。

我接触到了这样的爸妈，从他们那里感受到了困扰和焦虑，所以才有了出版这本书的强烈渴望。

“这时候该怎么办”的迷惑，正说明了您当下正在努力面对着育儿问题，也正在亲力亲为地陪伴在孩子身边。**但并不是只有您才会焦虑和不安，也不是只有您家的宝贝才会“顽皮淘气”。所以，请不要一个人忍受困扰和焦虑。**

希望您从本书中得到借鉴。如果本书能让您的育儿生活更轻松、更快乐，那也将是本人的快乐和荣幸。

育儿顾问：高祖常子

为什么只有我……

哇~哇
哇~哇
哇~哇
哇~哇
哇~哇
哇~哇
哇~哇
呜哇哇！
烦躁烦躁烦躁烦躁烦躁烦躁烦躁烦躁烦躁烦躁
是因为我要上班才这样吗？
要迟到了！
这种日子什么时候才到头？
怎么就说什么都听不进去呢？
眼看着就到了必须马上出门的时间。
是我的教育有问题吗？
差不多得了。
只有我家孩子这样吗？
要给孩子拿点儿什么来着？
我刚才要干什么来着？

为什么只有我
这样?
握紧!

不是只有你才会这样！没关系！
请保持放下高举的手的勇气！

读者反馈

深陷育儿困扰当中时，偶遇这本书。平常羞于开口与别人商量的难题，也在这本书中找到了答案。一个人苦苦寻求解决的重担，终于变得轻松了。

很庆幸阅读了这本书。（32岁，女性·家庭主妇）

买来送给女儿作礼物。但与此同时，我也从中收益良多。

女儿家有三个孩子，兄妹之间纠纷不断。对于时不时就动手的小哥哥，女儿有时也克制不住得打孩子几下。看到这本书的题目时毫不犹豫地买下来了。

（63岁，女性·职员）

阅读以后，感到自己好像产生了心理改变。

每天被包围在三个小孩子中间，忍不住心情烦躁。在越来越讨厌自己的时候，被这本书的名字吸引了！（31岁，女性·家庭主妇）

简明易懂，插图清晰明了，非常有参考价值。

就读小学1年级的儿子，从下学期开始忽然变得情绪不稳定，学校心理咨询的老师向我推荐了这本书。

（37岁·职员）

知道不是只有我这样，终于放心了。

与3岁的女儿共同生活的单身妈妈，在工作与生活的压力之下，免不了坏情绪爆发，有时候会跟女儿大喊大叫。在即将陷入自我厌恶的时候，遇到了这本书。“感恩”，是一种非常好的想法。

（23岁，女性·销售）

深刻反省自己
又变得情绪化的日常……

婆婆送给我这本书以后，才让我在育儿生活中变得轻松起来。

（43岁，女性·职员）

认识到自己真的总是在发脾气，为了认真地纠正自己的育儿态度，所以购买了这本书。

我是两个男孩子的妈妈。老大年龄大，但是情绪不稳定，也比同龄的孩子更容易发脾气……阅读了这本书以后，我能冷静地思考应对方法了。

（27岁，女性·销售）

目录

（这样的时候应该怎么办？）

外出时的困扰

（这样的时候应该怎么办？）

孩子之间的语言、行动的困扰

（这样的时候应该怎么办？）

在幼儿园、学校学习的场景

（这样的时候应该怎么办？）
对老公和长辈的焦虑

【因为孩子产生的困扰】

要跟孩子一起解决

第1章

积极的育儿态度

心灵和身体
都处于安心、安全的状态

育儿的基础，是满足孩子的生理需求和安全需求。只有在安全的家庭环境里安安心心长大的孩子，才能真实地表达自己的真情实感。

当孩子说“不！”的时候，你说了“不可以说不！”来否定；当孩子不开心哭了出来的时候，你说“别哭”来制止；当孩子受到挫折来找你倾诉的时候，你说“这可要怪你自己！”……如果一直这样下去，孩子难免不再表达自己的真实感受，就连遇到困难的时候也不会再找你倾诉。

家庭就是让人感到安心、安全的地方。当然，这并不意味着不能教育孩子。但是，如果家长永远焦虑不安、对孩子置之不理的话，家庭就失去了让人安心、安全的氛围。

“儿童的需求”由下至上逐层上升

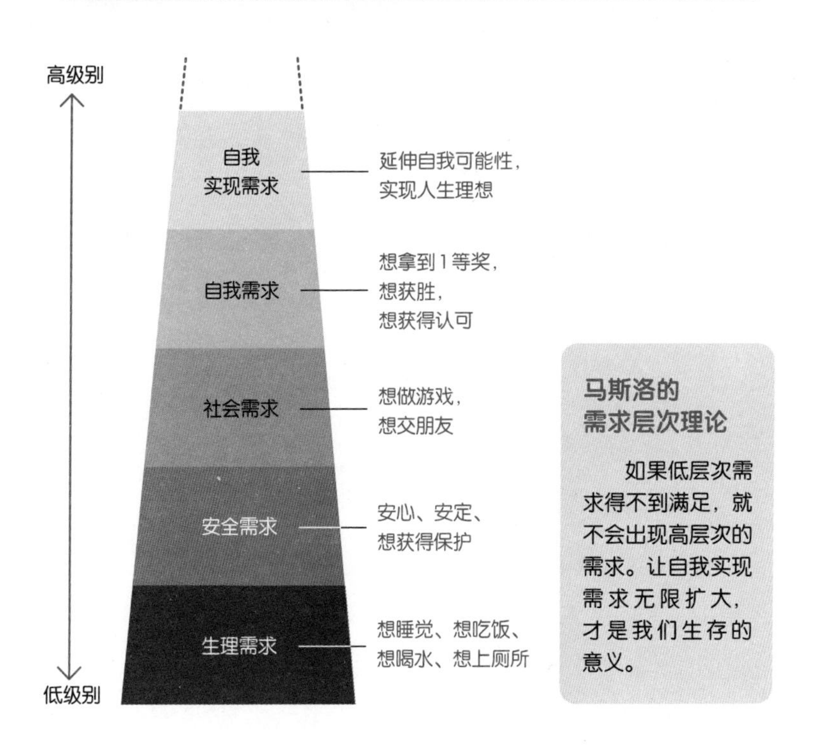

把叱责降到最低限度吧。相互倾诉、相互商量，让家人成为互相支撑前行的力量。一定要把这一点铭刻在心。

自我肯定感
是孩子成长与生活的心灵基础

不要跟“别人家的孩子”比较，应该跟这个孩子“从过去到现在”的成长相比较。

道理是这个道理，但是做起来非常难。

“别人家的孩子都能做到，怎么只有我家孩子做不到？”经常有家长困惑于这个问题。这个问题本身没有错。但是作为家长，应该更加关注孩子自身的发育情况。如果除掉个体差异和个性差异以外，还跟其他孩子有非常显著的不同时，偶见身体障碍或隐性疾病等情况。

但只有医生、保健医、幼教、幼儿园教师、儿童发育专家才能正确地判断出这种情况。如果无论如何都担心“自己的孩子”和“别人家孩子”的差异，请不要妄自判断，更不要独自烦恼，请向专业人士寻求咨询吧。

“这点儿琐碎的小事也去咨询，会不会有点儿奇怪？”“是因为我教育的方法有问题，才会发生这样的事情吗？”……请各位家长一定避免这样的想法。

可以进行咨询的地方有很多。首先，可以前往身边最便利的地点（例如保健所、政府部门、育儿中心、保育园、幼儿园等）。通过这些窗口，您也许还可以获取到更专业的建议。在咨询的时候，如果能排除疾病或障碍的因素，同时获得与孩子相处时的小技巧或建议，那该是一件多么理想的事情啊。

在之前出版的书中，也曾经介绍过马洛斯的需求层次理论，其中最重要也是最基础的，当属生理需求。诸如睡觉、吃饭、喝水、上厕所等生理需求，是保证人类存活下去的基本。当这个需求得到了满足，他们才会进一步对安全产生需求。

在马洛斯的理论当中，只有当人的低级别需求得到了满足时，才有可能产生更高级别的需求。

感情用事、打骂与惩罚，会给孩子的成长带来负面影响

2017年，我有幸参与了关于《不要让爱带来伤害》宣传册的编写工作。

在小册子里有过这样一段描述："福井大学儿童心理发育研究中心的友田明美教授在进行了脑部发育研究以后，得出了体罚和语言暴力对儿童大脑发育会产生深刻影响的结论。"

研究数据表明，在婴幼儿期接受过激烈体罚的儿童，前脑叶（对社会生活极为重要的脑组织）的容积平均缩小19.1%；语言暴力则会导致听觉额叶（感知声音的脑组织）发生变形。

与此同时，伊丽莎白·托普森·加肖夫（Elizabeth Topson Garshoff）等人通过对大约16万名儿童的数据进行分析后，也得出了接受体罚的孩子更容易出现精神方面的问题、负面影响

《不要让爱带来伤害》宣传册

体罚·语言暴力的影响

通过脑部扫描的研究现实，经历过苦难的人，其大脑会发生各种各样的变化。即使父母带着“爱的名义”，也会在孩子身上留下肉眼不可见的伤害与痕迹。

● **儿童时代经历过心酸体验后受伤的大脑**

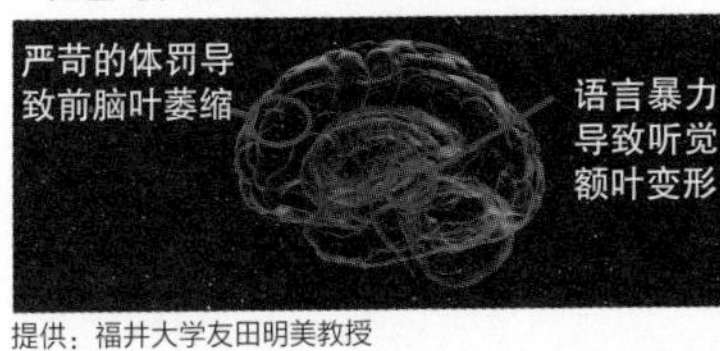

提供：福井大学友田明美教授

· 接受过激烈体罚的儿童，前脑叶（对社会生活极为重要的脑组织）的容积平均缩小 19.1%

· 语言暴力则会导致听觉额叶（感知声音的脑组织）发生变形

体罚有百害而无一利，绝不会给孩子带来正面影响

经过对大约 16 万名儿童的数据进行分析后，了解了没有受到过体罚的孩子和被父母体罚的孩子之间的差异。如下图所示，被父母体罚的孩子的身上产生了巨大的“负面影响”。

● **“被父母体罚”的影响**

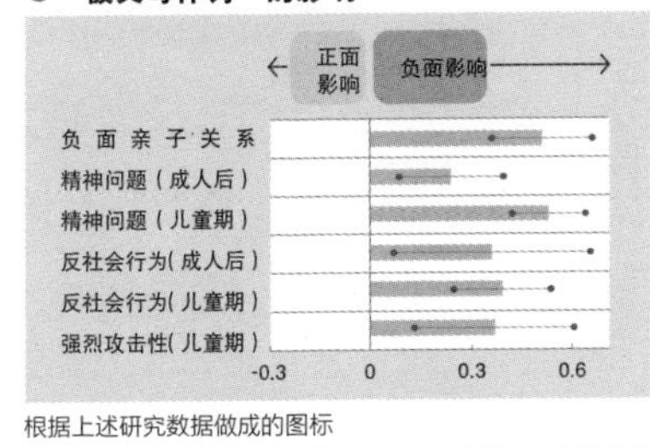

根据上述研究数据做成的图标

幼儿期的体罚会伤害到儿童对家长的信任和爱，有可能会导致抑郁、情绪不稳定、多动等精神问题。更有甚者，会发生伤害别人的反社会行动，或者由于感情崩溃做出具有强烈攻击性行为。这样的影响并不会在幼儿期终结，很有可能会伴随一生。

数值更大等结论。

友田教授在其《不损伤大脑的育儿方式》等著作中提到过，“即使从现在开始改变应对的方法，也可以有效改善大脑的状态”。

不要一味懊悔此前的教育经历，而是应该从今天开始停止怒吼。如此一来，亲子关系必将得到良性改善。

采取积极的育儿态度！

说到“积极的育儿态度”，您可能会不知所以。对我来说，所谓积极育儿就是与孩子共同进步、一起向前向上攀登的育儿过程。

例如，忙乱不堪的时候孩子不能应声而动，你会瞬间爆炸。但其实，这时候孩子并不能感同身受地理解家长的处境，所以没办法立即明白家长一厢情愿发出的号令。所以，孩子根本不会按照家长的指示行动起来。说到底，是家长的独角戏。

前一段时间，媒体爆料了学校的黑色校规。例如天生的深棕色头发也要染成黑色，头发长度到○○为止，袜子仅限△△的款式，内衣必须是白色的……这些校规的潜台词，充满了对孩子的不信任。成年人先入为主地相信，“只要认可孩子身上存在超越既定规则的行为，那孩子一定会步入歧途，变成不良少年”，因此由内而外地惶恐不安。所以必须做出一层又一层的条条框框，然后把孩子镶嵌在里面。

我去国外采访的时候，留心观察过那里的孩子们。他们在上学的时候，可以随心所欲地选择发型和着装。即使是小学生，佩戴耳钉的也大有人在。

说到底，日本人对于“素养”的要求，根植于“听家长（大人）的话”这一基本理念之上。一旦孩子的行为举止和遣词造句超过了这个范围，家长就情不自禁地愤懑、焦虑，以至于最后变成怒吼或动手。

的确，家长比孩子年长、有经验。

所以，他们会忍不住担心孩子的想法、选择是否合适，总对“能否顺利成长”持有疑虑。正是因为这样，向专业人士或者更有经验的人寻求帮助，是非常重要的行为，更是了不起的勇气。

只是别忘了一点，就算是孩子，也有自己的情绪和思考能力。

耐心地听一听孩子的情绪和思路，然后共享一下家长的思路和建议。

在孩子感到困惑的时候，陪孩子一边商量，一边共同寻找解决方案吧。这样沟通之后再采取行动，就是我眼中的积极育儿。

通过沟通，可以更加客观地认清孩子自身的情绪、家长的情绪以及周遭的状况，然后从中得出最好的结论。其实，家长就是在这样的过程中支撑着孩子学会生存之道。

在这种良性亲子关系的基础上，孩子才能安安心心地面对自己的人生之旅。

日复一日地手忙脚乱

要是真的怒不可遏，
请回忆一下孩子出生的那一天吧！

第2章

这样的时候
应该怎么办？

日常生活场景

每一天的潜移默化，都会逐渐变成孩子思考和行动的基调

那么从这里开始，我们就来看看实际生活中被小朋友们困扰的种种场景吧。让我们一起想一想，应该如何对应、如何解决呢？

本书中的问题，有些来自阅读过我上一本书的读者反馈，有些来自我的见面会上的提问汇总，还有些来自在我的网络、主页下面的留言。我从中选取了部分具有实际意义的问题，在此统一作答。

对于孩子来说，每一天都是由许多的小瞬间组成的。同样，家长在每一瞬间的反应，却会日积月累地影响孩子。每一个瞬间，都会潜移默化地引导着孩子们的思维方式和行动方法。

当然，忙碌的家长一定希望万事万物都顺畅地向前推进，所以常常把“快点儿”“赶紧”挂在嘴边。但在时间充裕的时候，请务必静下心来想一想：这样的言语和态度，会对孩子未来的人生产生什么样的影响呢？

接下来，我们会对日常生活中常见的“亲子冲突”“家长困扰”等场景进行介绍。请大家设身处地去想一下，应该如何应对。

首先，最优先考虑的事情，应当是孩子的感受。

即使不能理解孩子的感受，也应当表现出“你是这样想的啊”的共情姿态。而至于是否应当任由孩子按照当下的情绪去待人接物，则应该根据实际的状况、与身边小朋友的人际关系等因素综合判断。如果真的不合适，也一定要跟孩子解释原因，一起商量应该怎么办。

请不要忘了，孩子的年纪越小，就越是需要时间来完成情绪切换的过程。

如果不能达成自己的意愿，可能会出现大哭大闹的状况。而这种情况，也仅仅是用来切换情绪的必经之路。

起床的时候

不要拉开窗帘，我还想跟妈妈一起睡懒觉！

早晨一拉开窗帘，孩子就大哭着说："我要吃根香蕉你才能拉开窗帘。"孩子说："窗帘拉上，我还想跟妈妈一起睡懒觉。"但是我没听。任由孩子发表意见的尺度是什么呢？应该让他哭多久才合适呢？真头疼啊。（4岁的男孩子）

孩子的感受

有的孩子，就是天生会闹觉，也会有强烈的起床气。其实就算是成年人，有人说起床就起床，有人却总是爱睡懒觉。同样，小孩子也有个体差异。说到“我要吃根香蕉你才能拉开窗帘”“窗帘拉上，我还想跟妈妈一起睡懒觉”这样的话，听上去好像很任性，但也许只是孩子在寻找自己能够开心起床的时机。而且，孩子还没完全清醒过来的时候，大脑回路可能还处于混沌状态，也存在单纯撒娇的可能。

应对方案

【妈妈可以再回到床上，陪孩子赖一会儿床。】

如果时间允许，可以放任孩子一次。但没有家长希望孩子这个时候赖在床上吃香蕉吧。所以啊，我们可以定下“可以陪你赖床，但是只有10个数”的规则，这可是妈妈妥协的条件。然后倒数“10、9、8……”，“还有3个数！”，这样做。在模仿游戏感觉的同时，下一步就是：“好了，我们起床吧！”这样，就顺理成章地创造出了开心起床的时机。

【不要理会想吃香蕉的事情。】

虽然很想说“谁在被窝里吃香蕉啊，真奇怪！”这样的话，但还是忍住别说吧。因为在孩子的小脑袋瓜里，可能并没有把想吃香蕉这件事和之后一定要做的什么事情联系在一起。有时候，孩子会在半睡半醒之间随口说点儿什么，不需要特别在意。

如果家长接着说“不起床就吃香蕉，想都别想！”“说什么胡话呢！”这样的话，就会不自觉地转移注意力，最后变得心情烦躁。孩子还没睡醒，所以就忽略他们那些说不清道不明的小要求吧。能妥协的地方妥协，不能妥协的地方清楚地讲给孩子听，这样就足够了。

育儿
小窍门

~起床~

• 起床行动的模式化

对于那些起床气特别强烈的孩子来说，可以尝试让起床变成模式化行为。例如每日重复在叫孩子起床前打开音乐、拉开窗帘等。

• 早睡早起

如果总是起床困难，会不会是因为睡眠时间不足？如果有这种可能，应当考虑让孩子早点儿睡觉。

• 不要纠缠于无理要求

起不来床，心情转换不过来，这也是一种个性。如果事无巨细都要一一应对，家长一定会面对非常大的负担，迟早陷入情绪崩溃。所以，请明确界定出什么是可以的，什么是不可以的。

吃饭的时候

提出不合理的要求……

每一次，我给什么他就偏不要什么。“不想吃烤面包！”“想抹黄油！”“要吃大面包！”等，所有的要求都跟我准备的饭菜唱反调。难道只是要让妈妈为难吗？（4岁的男孩子）

孩子的感受

这是因为刚起床的时候心情不好，看什么都不顺眼吧。孩子的内心潜台词很有可能是："刚睡醒，还迷糊着呢！""我好累啊！""反正就是不舒服！"

在困倦的时候，肯定是想要撒娇啊。有时候，孩子就是会有"想让妈妈宠爱我一下下，那就干点儿淘气的事情吧"的想法。

应对方案

【可以问问孩子："今天你想怎么样呢？"】

如果每天都是这种情况，可以在准备饭菜之前问问孩子："今天的面包，你想怎么吃呢？"

如果孩子已经4岁了，他应该可以独立完成把面包放进吐司炉里、按下开关的动作了。如果时间充裕，可以邀请孩子"一起烤面包"，顺便还能教会孩子生活小技能。抹黄油的话，也许孩子不能涂得整整齐齐，但完全可以让孩子尝试一下。

这时候，也可以跟孩子一起来进行，同时告诉孩子每次用黄油刀盛起多少黄油才合适。

一旦孩子学会了，就可以给妈妈做小帮手了。

其次啊，还可以问问孩子为什么说这样的话。

到了4岁，一定可以正确表达自己的情绪了。

晚上也好，周末也好，选一个心情平静的时候，跟孩子表达一下妈妈自己的困扰，跟孩子商量一下应该怎么办。

当然，不要全部都要由妈妈来应对。就像刚才提到过的，也要告诉孩子，哪些是他们可以做的。

乱扔食物

只要我精心烹调，孩子就肯定不会好好吃。叉子、勺子扔得到处都是。我捡起来，她扔下去，周而复始。盯着孩子的眼睛，低声说：“不要乱扔！”她会把脸扭到一边，然后接着扔！偶尔也会乱扔食物，更有甚者会把盘子整个推到桌子下面。味噌汤、牛奶一片狼藉的既视感。好不容易擦完了，准备重新开餐的时候，耐心已经告急……（1岁半的女孩子）

孩子的感受

“妈妈的表情好恐怖！”“人家肚子也不饿啊！”

应对方案

【妈妈的表情可能真的传达了错误的信息。精心烹调饭菜很辛苦，偶尔休息一下怎么样？】

“精心烹调的饭菜”，会不会在不经意之间就变成了“你给我好好吃啊”这种恐怖的表情？

在孩子不好好吃饭的时候，常常能见到爸爸妈妈面目狰狞的表情。

低声说“不要乱扔”的场景，可能对孩子来说还挺有意思的。

对于妈妈来说，“把脸扭到一边，然后接着扔！”的行为，貌似是对妈妈做出的反抗。但我想，孩子可能并没有这种意思。只要一扔东西，妈妈就会有所反应，所以就会一而再、再而三地反复进行。

精心烹调饭菜很辛苦，偶尔休息一下吧。

首先，“精心制作却不好好吃”的念想如果过于强烈，建议您短时间内偷偷懒吧。但如果本来你就喜欢做饭，还能从做饭的过程中获得乐趣，那何乐不为呢？重点是，请选择没有心理负担的生活方式。

接下来，可以修改一下每一天的进餐时间。孩子如果不饿，肯定不会好好吃饭，反而会把饭菜当成玩乐的道具（扔）。如果肚子饿了，肯定在扔掉之前考虑把它吃进肚子。可以通过延长餐食之间的间隔、客观地调整间食分量、增加身体活动时间等方法来试试看。

【防止撒落，提前铺好报纸。】

选择肚子饿的时候喂饭，除此之外还要做好环境准备。

1岁半左右，还是用手抓食物吃的阶段，所以要下点儿功夫让食物便于抓取。提前在地面上铺好报纸，就算食物掉下来也没关系。如果铺抹布的话，之后还要清洗，也不怎么方便。所以还是用报纸吧，用后即扔。如果是汤汁类食物，就不要摆放到小桌子上了，还是在一旁找准时机喂到嘴巴里吧。

育儿
小窍门

~进餐时间~

• 规范的进餐时间

调整每一天的生活规律，按照一定的时间规律安排餐食（偶尔有所调整的话没关系）。

• 为了在进餐之前腾空小肚子，要多安排一些身体活动

只有在孩子肚子饿了的时候，才能集中注意力好好吃饭。

• 确定餐食的时间节点

如果孩子不吃，不要一直喂下去。如果孩子已经开始玩儿了，感觉不能继续吃下去的时候，果断结束进餐吧。

• 享受进餐时光！

如果妈妈爸爸带着威胁恐吓的口吻给孩子喂饭，用餐过程肯定会很不顺利。

“真好吃”，一起享受快乐的进餐时光吧！

洗手的时候

不洗手就开始玩玩具

我家儿子小学1年级。从学校回来以后，就算我说“回家以后马上洗手”，也充耳不闻地直接开始玩儿了起来。（6岁的男孩子）

孩子的感受

真实情感应该是：“回家了，迫不及待地就要开始玩儿！”上学前，孩子在幼儿园适应了集体活动，所以也许养成了“赶紧抢到自己喜欢的玩具，玩儿个够”的习惯。

应对方案

【做一个回家后的活动流程。】

制定一个解决方案，可以考虑做一个回家后的活动流程。

如果口头叮嘱孩子“去洗手”，但孩子就是不听的话，可以试试这样做。**每天在孩子到家以后，先把孩子迎进门，然后一起到洗手台洗手。**洗好手以后，跟孩子说：“洗干净了！”这样重复几次，就可以培养成回家后的一套动作习惯。

一旦这个习惯养成了，就可以让宝宝在家长的注视下独立完成，但同样要在洗手之后跟孩子说“洗干净了！”这样的话。

愉快的过程是坚持下去的动力。

让我们试试看，怎样才能让孩子乐于到洗手盆那里洗手吧。

例如，把香皂改成泡泡洗手液。或者，可以在孩子完成洗手动作以后，在手表上或日历上张贴小粘贴来以资鼓励。

如果使用小粘贴的话，建议选择孩子喜爱的动画形象。

含着牙刷乱跑

为了激发孩子刷牙的兴趣，特意选购了配有孩子喜欢的动漫形象的牙刷。孩子倒是非常喜欢牙刷，可是因为想独占牙刷，反而一到刷牙的时候就含着牙刷到处乱跑。因为危险，所以我尽力劝阻，可是孩子根本不听！真是头疼！（2岁的男孩子）

孩子的感受

这个时候的孩子啊，怕是还不能完全理解“牙刷是用来刷牙的”和“不能在刷牙的时候乱跑”这两件事。

含着牙刷的时候，感觉就像是含了个奶嘴一样。也可能因为正在长牙，牙床痒痒，在偷偷啃牙刷呢。

应对方案

【让孩子坐在膝盖或椅子等固定地点刷牙。】

如果孩子含着牙刷满地跑，很有可能会发生摔倒后牙刷捅进喉咙里的事情，非常危险。

请绝对制止这样的行为。

但对于孩子来说，反而会觉得妈妈跟自己说“停下来”的时候，表情很有趣。

为了防止事故发生，请使用不会捅进喉咙里的婴幼儿专用牙刷，同时告诉孩子“刷牙的时候不能跑来跑去”。

另外，一个2岁的小朋友很难抑制住自己想要跑来跑去的冲动。所以只能依靠家长，创造孩子不能乱跑的环境。

例如，每当刷牙的时候就把孩子抱在膝盖上，让他坐好。或者把刷牙的位置固定在某个小椅子上，等孩子坐好以后再把牙刷给他等。

另外，请注意，刷牙的时间不要太长。

刷牙的时候

妈妈帮忙刷牙的时候，孩子哭闹不配合

为了预防蛀牙，每天在孩子自己刷完牙以后一定要再帮她补几下。为了把牙刷仔细，每次都要让孩子平躺，然后张开嘴巴。可是孩子每次都要哭闹，太费劲儿啦。（1岁8个月的女孩子）

孩子的感受

孩子的感受可能是："妈妈给我刷牙的时候，会按住我。也不知道妈妈想要干什么，太可怕啦。"

应对方案

【创造出愉快的氛围。】

孩子动来动去，就会让家长刷牙的过程充满危险。而一旦预知到危险，不少父母的面部表情就会不由自主地变得凝重起来。这样一来，孩子就会觉得被家长按住不动实在太可怕了。

即使父母提出"我来把牙齿刷干净，你忍住不要动"这种要求，不到2岁的孩子也很难理解爸爸妈妈要做什么。特别是有些父母，担心孩子生虫牙，所以特别用力地给孩子刷牙，这很有可能弄疼孩子的牙床。

要是在给孩子再刷几下牙的时候动作更柔和一些，保证别弄疼孩子，这样应该会好很多。

要是孩子觉得可怕、疼痛，肯定不愿意张开嘴巴配合家长的动作。要是强迫孩子张嘴，就只能导致哭喊的结局。

请爸爸妈妈们带着笑脸完成刷牙的任务吧。一边唱着宝宝喜欢的歌曲，一边温柔地说："来吧，我们刷刷小牙齿。""你的小脸蛋在哪里？小嘴巴在哪里？"或者还可以温柔地抚摸孩子的头发，效果会好很多。

育儿
小窍门

~洗手·刷牙~

• 家长也一起做

“去洗手！”如果家长只是一味这么说，却并不身体力行地一起洗手，孩子肯定不乐意付诸实践。所以，改变就从家长也一起洗洗手、刷刷牙开始吧。

• 从生活规律中想办法

养成良好的生活习惯。从外面回到家的时候，直接到洗面台旁边去洗手。

• 在愉快的过程中养成习惯

可以考虑把洗手用的香皂换成泡泡款式的洗手液，一边刷牙一边读绘本，一边洗手一边唱歌等。在孩子养成良好习惯之前，家长可以在这些方面多花点儿时间。

游戏的时候

不收拾绘本和玩具

到处都是孩子看完的绘本和玩过的玩具。最后，还是家长（我=爸爸）来打扫。

“到底要打扫多少次啊！”真是让人烦躁。说多少次，孩子都听不进去。（5岁的女孩子、3岁的女孩子）

孩子的感受

“这个也想看一看，那个也想玩一玩，所以都翻出来了。”还有：“太难收拾了。”“我不知道怎么收拾才好啊。”

应对方案

【一次性掏出很多玩具，才能让游戏更有乐趣。】

作为家长，当然希望孩子“玩完了这个玩具，收拾好以后再去玩下一个玩具”。但是，就算是成年人，也有同时兼顾好几件事情的时候吧？所以对于小孩子来说，从游戏的时间、地点、性格上考虑，有时候会“专注于一个玩具”，有时却会“同时兼顾好几件事情、好几个玩具”。

如果家长每次都逐一打扫，想要时刻保持环境整洁，想必会对一口气掏出好几个玩具的孩子忍无可忍。但是别忘了，**孩子面对好几款玩具的时候，会发明出各种排列组合的新型游戏方式！**例如，手里有小汽车模型的时候，可能要用积木搭出隧道、用小娃娃扮演乘客等，虽然在设计之初，大多数玩具都是可以被单独玩耍的。

但是，当多款玩具组合到一起以后，想象的空间可以无限扩大。让我们尽量保护孩子们的这种创造力吧。

【与孩子们一起收拾房间。】

爸爸实在看不下去，中间帮助孩子收拾了好几次。要是我们换一种思路，在游戏活动中间的时间节点上，发出收拾房间的指令如何？例如，吃饭之前或者洗澡之前等，或者干脆定好，“到了6点半就要打扫房间了”，这个方法怎么样？

“收拾房间”的话语，不一定能传递到孩子的耳朵里、脑海里。学习的时候尚且如此，更何况是做游戏的时候。所以，在创造契机（提高孩子的配合意愿）、让形式变得有趣、让孩子注意力更集中等方面多下点儿功夫吧。

例如，**让孩子在一首歌结束之前完成房间打扫**，或者大家分工进行：“爸爸收拾洋娃娃，小宝收拾小汽车，看谁先完成。”

家长不需要每一次都参与到打扫当中。如果孩子能够自己完成，别忘了说“今天是你们自己收拾的啊，真干净啊！”这种赞扬的话。

育儿

小窍门

~游戏~

• 在游戏的最后阶段进行打扫

家长虽然希望孩子们把玩具一个一个打扫干净，但这会影响到孩子做游戏的心情。毕竟大小玩具可能会被组合到一起玩，所以结束之前再一起打扫吧。

• 提前告知收拾的时间

“好了，开始收拾吧！”如果一说完就要开始收拾，孩子可能正处于玩乐的兴奋点。所以，我们可以提前告诉孩子：“5分钟之后开始收拾，做好准备呀！”

• 一起愉快地收拾房间

准备好便于打扫的整理箱，家长和孩子一起动手吧。如果自己不动手，只是颐指气使地命令孩子，效果绝不会理想。刚开始收拾的时候，建议开开心心地一起动手。

游戏的时候

只对我拳打脚踢

孩子沉迷于比武类型的游戏，常常对我做出拳打脚踢的攻击动作。别看他小手小脚，还真挺疼的，说了“不行”也没什么用。我问过老师：“孩子在学校会不会跟其他小朋友动手？”老师说：“他只是自己在那里比比画画玩儿罢了。”他为什么只对我拳打脚踢呢？（3岁7个月的男孩子）

孩子的感受

“妈妈会配合我啊，所以想让妈妈陪我一起玩比武游戏。多好玩儿啊！”

应对方案

【希望孩子停下来的时候，要如实地告知。】

告诉孩子“停下来”，但是孩子不听，还真的挺疼的。你看，妈妈的想法并没有传达给孩子啊。**如果被孩子打了、踢了而感到疼痛，希望孩子停下来的话，请一定要看着孩子的眼睛跟他说：“妈妈很疼，不要这样了。”如果笑着说，孩子很难理解到妈妈真正的意图。**

不攻击其他小朋友，这是因为在幼儿园做出这种

行为，老师会出面制止。所有孩子都学会了“不能跟别的小朋友动手动脚”的规则。小朋友知道虽然在幼儿园不行，但是也知道妈妈不会批评自己，所以很可能把妈妈当成了游戏的小伙伴。**有区别地待人接物，是孩子形成社会性认知的重要标志。**

【传达正确的方法。】

如果不是所有的打斗动作都不行，可以告诉孩子“你可以对着妈妈的掌心出拳”“不能跟妈妈动手，但是你可以对着枕头或靠垫练习拳法啊”等。要教给孩子可以做的事情。

育儿小窍门

~游戏~

- **给游戏热情锦上添花**

如果孩子说“想玩比武游戏”，或者，对什么都想来上一拳，那么，就需要下点儿功夫为孩子创造能活动身体的环境了。

洗澡的时候

不喜欢跟爸爸一起洗澡

爸爸抱孩子的时候，孩子肯定大哭着喊："要妈妈！要妈妈！"最后还是我来抱。本来我们定好是爸爸给孩子洗澡，但因为孩子嚷着"要妈妈"，所以只能我来承担这个工作。（1岁半的女孩子）

孩子的感受

“爸爸抱我的时候，总感觉好像要掉下去似的。也不托着我的小屁屁，真吓人！还是妈妈抱我的时候我比较安心。”

应对方案

【提高爸爸的经验值。】

被爸爸抱的时候会哭，多数是因为爸爸抱宝宝的经验少。孩子依赖直觉去感受、去辨别、去判断是否安心。如果爸爸抱孩子的姿势不正确、手摆放的地方让孩子不舒服，那么孩子只能不开心地哭喊着“要妈妈”了。

但是，爸爸们可不要因为这样就放弃了。当然，有些情况可以让妈妈来接手，**但如果爸爸的经验值一直提升不上来，孩子一直要找妈妈，那妈妈的负担可就太重了。**

如果可以的话，一定要自然而然创造爸爸照顾孩子的环境。要是妈妈也陪在孩子旁边，会让孩子感觉“明明妈妈就在旁边，却不来帮我”，从而情绪低落。所以，可以选择在妈妈做饭的时候，爸爸带孩

子在另一个看不见妈妈的房间玩耍。或者，妈妈可以在休息日用几个小时或半天的时间出去做个美容。

这段时间里，就让爸爸在家里抱抱孩子、陪陪孩子吧。要是只有爸爸在家，孩子就只能依赖爸爸，这样一来亲子关系会更加深厚。就算妈妈不在家的时候孩子一直哭闹不停，**他幼小的心灵也一定会留下爸爸照顾自己的印象。**

【利用有趣的洗澡小玩具。】

有这样一个小窍门，就是给孩子留下“跟爸爸一起洗澡特别开心”的印象。带着塑料小杯子或小碗一起去洗澡，盛着水哗啦啦地倒来倒去，这样就足以让孩子对洗澡感兴趣了。妈妈带孩子洗澡的时候，多采用速战速决的战略，洗完以后马上就会把孩子从浴盆里抱出来。所以，如果孩子心里有“跟爸爸一起洗澡很好玩”的印象，就一定会乐呵呵地跟爸爸去洗澡了。

洗澡的时候

一边洗澡一边玩，真头疼

我家孩子自从学会了水龙头的使用方法以后，要么就是忽然把水龙头打开，要么就是在我用淋浴喷头的时候调整冷热水，反正就是没法好好洗澡。时间充裕的时候，孩子玩儿一会儿就玩儿一会儿，倒是没什么问题，但要是正好赶时间，我会忍不住要发脾气。（1岁半的女孩子）

孩子的感受

水龙头好神奇，开关也太好玩儿啦！孩子一定特别喜欢玩儿水吧？说不定不太明白妈妈为什么会生气呢。

应对方案

【要是有什么东西是不想让孩子碰的，就把它藏起来吧。】

不知道你家里的浴室构造能不能做到这一点：在赶时间、要快速洗澡的时候，最好不要让孩子看到她平时就很喜欢的水龙头或者淋浴开关。例如，把它们藏在妈妈身体后面。

【明确可以碰的地方和不可以碰的地方。】

“看起来太有意思了，情不自禁地想要摸摸、想要拧拧（开关）。”这是孩子探求心的表现。基本上说，这是孩子在成长中发育良好的表现。

但是，如果有绝对不能让孩子碰的东西，就一定要及时发出禁止的声音：“这个太危险了，千万别碰！”“可能会被流出的热水烫到哦，不能碰！”

要是有时候说“觉得有意思就玩一会儿吧”，有时候说“不能碰啊”的话，小孩子会因为“为什么昨天还能玩，今天就不行了”而感到困惑。与其这样，不如干脆事先定好什么是能碰的，什么是不能碰的。

【赶时间的时候，要提前跟孩子讲清楚。】

到了孩子3岁左右，可以试着提前跟孩子说：“今天没时间，不能一边洗澡一边玩。明天我们再多玩一会儿吧。”孩子也许刚开始会有所抵触，但只要提前讲清楚，做好准备再开始洗澡，孩子也会慢慢明白“着急的时候就只能这样了”。

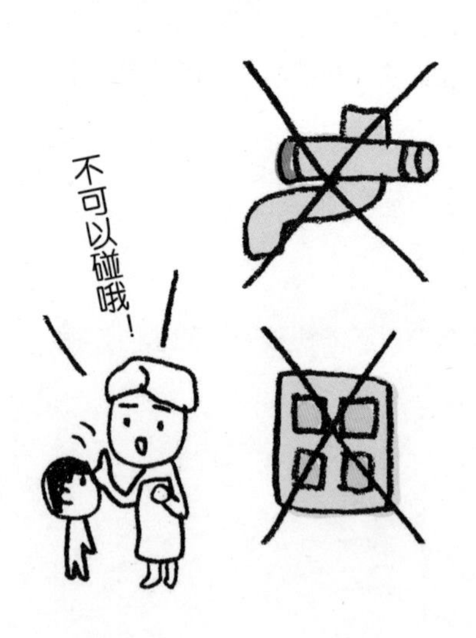

育儿
小窍门

~洗澡时间~

• 争取让爸爸也能自己给孩子洗澡

爸爸和妈妈一起配合着给孩子洗澡当然最理想，**但更推荐偶尔由爸爸单独给孩子洗澡。**毕竟，偶尔也会出现妈妈要上班、要出差、生病需要休息的情况。

• 从婴幼儿时期开始，创造愉悦的氛围

我们希望洗澡的事情是亲子之间进行交流的时间，但是有的孩子会害怕洗澡、讨厌洗澡，或者对水感到恐惧。如果这样的话，可以准备一些小塑料杯、小橡皮鸭等来舒缓孩子的情绪。

• 让孩子学会自己洗澡

伴随着孩子的成长，可以慢慢让孩子练习自己洗澡。家长一边教孩子洗澡的方法，一边在旁边守护着孩子。请让孩子慢慢尝试吧。

想让孩子像育儿手册里面写的那样每晚8点钟睡觉

“应该让孩子睡满8小时。”我在育儿杂志上看到过这样的介绍，所以我平时都尽量让孩子早吃饭、早洗澡、早上床睡觉。可是再怎么努力，我家也得拖到9点钟左右。孩子不好好吃饭不说，还把食物扔得到处都是。打扫地面就要花费好长时间。蹲在地上擦地板的时候，真真切切地感到怒火攻心，有时候忍不住会大喊大叫。（1岁8个月的女孩子）

孩子的感受

“我不能按照妈妈的节奏，早吃饭、早洗澡、早睡觉。这，我办不到呀。”

应对方案

【育儿杂志上的信息，都只是参考信息。】

1岁8个月的时候，孩子还在按照自己的节奏生活，很难配合家长的节奏安排生物钟。

在育儿杂志上、网站介绍里，有各种各样的信息。当然，其中不乏值得借鉴的内容，但也确实存在并不适合“我们家”实际情况的信息。请认识到，这样的信息只能作为参考信息来用。这一点很重要。

【设定自家的专用时间表。】

如果真的想要让孩子每晚8点就睡觉，就需要反向推算吃饭用的时间、洗澡用的时间，然后安排好晚间的时间表。要是孩子已经去幼儿园了，那每晚都要在8点钟上床睡觉的话恐怕很困难。那么，把时间调整到8点半怎么样？

从睡觉开始，到起床为止，如果希望孩子睡满8小时，就不得不在缩短做晚饭的时间上下点儿功夫。

【时间控制是心情焦虑的源头。】

一旦决定下来“8点之前上床”的话，就会为了配合这个时间节点而感到焦虑。

不如**把时间当作一个目标吧。**

根据“今天按时上床了”“今天晚了半小时”等实际情况，在时间表上设定一个15~30分钟的弹性时间吧。

育儿
小窍门

~哄孩子睡觉~

• 入睡前的仪式感

决定好进被窝之前的小仪式，更重要的是，每天都要做。例如，换睡衣、刷牙、跟毛绒玩具说晚安，然后进被窝。

• 整理好有助入眠的环境

房间里灯火通明、电视声音隐约而至……这样的环境让孩子怎么睡觉呢？在快要到睡眠时间之前，应该关上电视、打开小床灯，创造一个有助于入眠的环境。

睡觉的时候

半夜大声哭闹

孩子在夜里哭得可厉害了，弄得我白天困得不行。好不容易抱着哄睡着了，但是孩子一被放到婴儿床上就又哭了……气得我都想把孩子扔了。（6个月的女孩子）

孩子的感受

“睡不着啊。” “哭得不行，可就是睡不着啊。”

应对方案

【把孩子放在安全的地方，家长回避一下。】

小朋友睡觉这件事儿也有个体差异，有的孩子躺在床上就能睡着，有的孩子却一睡觉就容易哭闹。幼儿喜欢被大人抱在怀里。毕竟，这样才能安心地进入梦乡。

说到“好不容易抱着哄睡着了，但是孩子一被放到婴儿床上就又哭了”的情况，一个晚上怕是要重复几次吧。夜夜如此，难怪家长会想把孩子扔了。但其实，如果家长的心态到了这个程度，完全可以把孩子放在安全的地方，然后自己回避一下啊。让孩子哭一会儿，其实没什么问题。妈妈暂时脱离出这种氛围，做一下拉伸运动也好，喝口茶也好，找个方法让自己平静下来。

即使孩子的哭声搞得自己心烦意乱，也绝对不能捂住孩子的口鼻，更不能剧烈地前后摇晃孩子。

【换个人来抱孩子。】

有时候妈妈抱着孩子，孩子怎么也不睡，可换了爸爸抱，没多久就睡着了。

“为什么睡觉这么困难呢？”家长烦躁的心情，会如实地传达给孩子，反而成为影响孩子睡觉的原因之一。如果累了，就换个人来抱孩子吧。

如果已经持续了好几天都睡眠不足，可以考虑让爷爷奶奶白天过来帮忙看孩子，或者短时间把孩子托管一会儿。无论如何，请保证足够的睡眠时间。

【调整生活节奏。】

早晨拉开窗帘，晚上改用更柔和的灯光。白天尽量带孩子出门活动活动，例如散步或者到小广场游玩等。调整生活的节奏，孩子慢慢就能适应晚上快速入眠的生活方式了。

虽然存在个体差异，但通常孩子会在5~6个月的时候开始半夜哭闹，而且会持续几个月的时间。这时候，家长可能会以为从今往后的生活都是这样了。但其实，这只是短时间的问题。请放轻松一些，保持轻松的心态来应对吧！

育儿小窍门

- **夜晚哭闹是短期行为，请不要放弃努力**

没人确切地了解孩子在夜晚哭闹的真正原因。但确实过一段时间，就会自然而然地缓解。所以，请配偶互相帮助，想办法让自己从过度焦虑中解脱出来。

在家里创造
避免孩子情绪焦躁的环境

在之前出版的书中，我介绍过这样一个理念：**首先创造一个避免情绪焦躁的环境，然后再考虑如何解决问题。**

如果孩子怎么都不能自己收拾房间，那就下点儿功夫弄一个便于收拾的整理箱。如果孩子总是丢三落四，那就花时间帮助孩子不要忘这忘那。

对于我来说，在孩子上幼儿园的那段日子里，因为东西实在是太多了，所以忘东西是常有的事儿。从那时候开始，我就养成了一个习惯：第二天要带出门的东西，一定会放在玄关的正中间。我想，出门之前换鞋的时候一定会路过玄关，如果玄关正中间摆着的东西挡了去路，怎么还会忘掉呢？

没想到有一天，我要带两件东西出门，虽然已经放在了玄关中间，最后却只拎了其中一个出门。从第二天开始，我又养成了“准备了好几个东西的时候，要把拎手系到一起”的习惯。从那以后，我再也没有把东西忘在家里过。

还可以考虑把“它”藏起来。

有这样一位爸爸，因为吃饭的时候孩子一直在看电视，不好好吃饭，气得忍不住发脾气。遇到这种情况，考虑一下吃饭时用布或毛巾把电视盖起来怎么样？抬眼就看到电视，难免顺手就拿起遥控器按下开关。用东西盖起来，让电视从眼前消失，就不会专门去把布摘下来，再看电视了吧。

就算不是触手可及的东西，可能孩子只要看到，就会想碰到，甚至要求家长帮忙拿过来。比方说，孩子经常会伸出小手，咿咿呀呀地让爸爸妈妈帮忙把放在小柜子上的娃娃拿下来。

基本上，应该把那些“绝对不想让孩子碰到的东西放在孩子看不到的地方”。

就像这样，在行动之前改变自己周围的环境，下些功夫，把可能会忘掉的东西放在眼前，别让不想受其影响的东西进入视线吧。

专栏1 对自己的整理

介绍爸爸妈妈调理自己身心的小方法

●了解压力的种类

没有人从一开始就想用"大声喊叫，非打即骂"的方法培养孩子。但是，为什么我们会在育儿过程中感到焦虑不安，甚至时刻濒临爆发呢？

这是因为，作为家长的我们积攒了太多的压力。而所谓压力，我们是可以把它分为不同种类的。

- 疲劳
- 睡眠不足
- 不能称心如意
- 孩子不听话
- 没时间
- 酷暑
- 饿
- 跟家人的人际关系
- 跟其他孩子的爸爸妈妈、邻居的人际关系
- 职场的人际关系
- 工作不顺心
- 身体不舒服
- 生理期之前（女性）

能被称之为压力的事情可太多了。

压力积攒到一起，会成为更大的压力，进而演化成身体疲劳和情绪紧绷。成年人可能多少会考虑一下对方的情绪，然后调整与其接触的方法。可是，孩子毕竟心思简单，甚至有时候为了吸引爸爸妈妈的注意力而故意捣乱。

这些天真无邪的举动往往会成为家长情绪爆发（压力反应）的导火索。如果能从日常生活里找出给自己带来压力的因素，就能减少发脾气的次数。

小专栏

●内观心灵

愤怒，属于第二情感。愤怒，来源于不能事遂人愿之时的情绪爆发。

例如，说了好几次之后，孩子还是不打扫房间，最后对孩子大吼了出来。这时候，作为家长的您，是什么心情呢？

- 说几次才能听明白？
- 是我没说清楚吗？
- 你这个孩子，怎么就是不听话？
- 不收拾房间，不好好吃饭，几点钟才能睡觉啊？
- 你要变成邋遢鬼吗？
- 我太累了。
- 没时间了，真烦……

像这样，让人心烦意乱的理由实在是太多了。

冷静下来，客观地感知一下让自己焦虑的原因（不安、担心、困惑、疲惫等）。内观心灵，先处理很容易就能解决的事情。

另外，这种对自己内心的探究，也可以用在孩子发脾气的时候。婴幼儿期如此，青春期也是如此。孩子到底为什么这么生气呢？把眼光放在爆发之前的那个瞬间，也许可以帮助您找到解决之道。

也不知道从什么时候开始，把自己绷得紧紧的

没关系！按照自己的节奏来吧。
偶尔偷偷懒也是可以哒。

第3章

这样的时候
应该怎么办？

外出时的困扰

自己不想去，烦躁

休息日出门的时候，如果不是自己想去的地方，老大就会特别不高兴。（4岁的女孩子、2岁的女孩子）

孩子的感受

有可能是这样的：爸爸妈妈，可能是为我着想，安排了出去玩儿的计划。可是，“我今天本来就想在家里玩儿啊”。就算是儿童游乐场，也未必就是“我真正想去的地方”，更别提那些陌生的地方了，一点儿也不好玩。

这样想，就能理解孩子为什么情绪低落了。

应对方案

【尊重孩子不想去的小情绪。】

要前往的地点，一定是爸爸妈妈认为孩子能愉快玩耍、乐在其中的地方，所以才会决定去那个地方。但是，你可以到主题公园看一看，一定有不少家长正在跟孩子怒吼：“我们是为了带谁出来玩，才到这里来的？”

我们说尊重孩子的意愿，但就算孩子说“不想去”，也不能单独把老大留在家里。但如果跟老人一起生活，或者碰巧爷爷奶奶就住在旁边，就可以跟孩子商量：你要去爷爷奶奶家待一会儿，还是跟我们一起出去玩儿呢？

【跟孩子商量出游地点。】

在策划方案的时候，大人最好跟孩子商量一下：“这个周末去哪里玩儿呢？”就像全家人一起开小会一样，大家可以把想去的地方都提出来，然后从中选择一个最优的方案。

另外，也可以让孩子提前看看宣传单或者官网介绍，给孩子讲讲“这周末我们要去这个地方玩”。如果爸爸妈妈自行决定，很难保证出行当天孩子不噘着嘴说：“我不想去。”**要是能提前跟孩子沟通，让孩子了解周末计划，然后在脑海中勾勒出那里妙趣横生的场景，孩子就会产生期待的情感。**

当然，如果要给孩子一个惊喜的话，就没必要这样做了。

育儿
小窍门

~外出①~

• 告诉孩子要去的地方

不要只说“走吧”，而要清晰地向孩子传达“我们要去○○地方”的信息。

• 让孩子帮忙做外出准备

不要用“我们要出门，你准备一下”这种命令的口气。建议使用“我们要出门，来帮个忙吧”这种语气，让孩子有参与感。

• 告诉孩子那里是个有意思的地方

不要执着于孩子当下不想去的小情绪。告诉孩子我们要去的地方有哪些好玩儿的事情，说不定孩子会改变主意哦。

外出的时候

在外面，忽然说“要尿尿！”

出门前问孩子“要不要嘘嘘”，他捂着小屁屁一口咬定：“没有尿！”可总是刚一上车，甚至刚出门就嚷嚷：“要尿尿！要尿尿！”每次都要慌慌张张地找厕所。（5岁的男孩子）

孩子的感受

实话实说，妈妈问我的时候“还没有想尿尿啊”。而且想赶紧出门去玩，也没觉得会有尿。

应对方案

【不要大喊大叫，帮助孩子养成习惯。】

明明提前确认的时候，孩子说“没有尿”，可是出门就急急忙忙地说要上厕所，家长一定会觉得非常难堪。

到了上小学的年纪，孩子们通常可以自己控制排泄的感觉。**但在上学之前，很容易因为热衷于什么事情、沉迷于开心的状态，张嘴就说“没有尿”。**

孩子们并非故意如此。所以家长们就算心里在怒吼“为什么刚才问你的时候，你说没有尿”，也一定要忍住别喊出来。

作为解决方案，可以精心设计日常规律。

例如，培养出门之前上厕所、到了目的地以后马上进洗手间的行为模式。当然，孩子也可能坚持说“没有尿”，这时候不需要强迫孩子去洗手间。但如果孩子能在出门前去洗手间，我们则应该给予积极的评价：“这样，我们就能利利索索地出门了！”

另外，“慌慌张张找厕所”这件事，会成为孩子成长的经验。

出门前，提醒孩子说：“上次出门的时候着急了吧，还是先去一下厕所吧。”这样一来，没准孩子就会乖乖去厕所了。

外出的时候

不坐电车

我们要去游乐园，孩子却在车站前面发脾气，干脆就躺在地上嚷嚷“不要坐车”。我知道他在撒娇，可是不坐车也去不了游乐园啊，真是头疼。这样的事情经常会发生。（4岁的男孩子）

孩子的感受

“立即马上就想到游乐园去玩，为什么非要坐电车啊？”“我现在不想坐电车啊！”“可是我想去游乐园。”我的心情就是这样。真希望妈妈也能理解我这种矛盾的心情。

应对方案

【理解孩子不想坐电车的情绪。】

孩子要是躺在地上开始发脾气，可真是尴尬啊！

但是，到底是哪里不开心，才导致小情绪爆发呢？家长是为了让孩子开心，才决定去游乐园的，可孩子这么一闹，家长肯定怒火中烧了吧。但就算生气，也千万不要说："要是这样的话，就把你一个人扔在这里，我们去玩了！"

在婴幼儿时期，就算孩子多少有些哭闹，只要亲亲抱抱再带进车里，孩子的情绪就会有所缓和。但如果4岁的孩子激烈地抵抗，家长基本没办法勉强孩子去坐车。

如果爸爸妈妈的时间比较充裕，也有耐心，那么就请停下来等孩子情绪缓和。**虽然需要家长付出极大的耐心，但是可以尝试着等待孩子冷静下来，问清楚到底为什么不想坐车。**等孩子冷静下来，一定会把真实想法说出来的。

另外，家长还可以问问孩子："要是不坐电车的话，就去不了游乐园了。是不是？""要是不坐车的话，今天就不能去游乐园了吧？

那我们就回家玩吧。”重点在于，问这种问题的时候，要提示出“不去游乐园”的选项。如果没有备选项，就不要问这样的问题，可以稍微给孩子一点儿时间，然后告诉他不坐车就不能去游乐园的事实。

【稍微留给孩子一点儿考虑的时间。】

如果时间充裕的话，可以用“等你想坐车的时候告诉我”“我们坐下一班车吧”等方式，告诉孩子不需要马上做决定。试着留给孩子一点儿考虑的时间。

外出的时候

不开心就满地打滚

只要遇到不开心的事，无论在哪儿，都毫不犹豫地倒地打滚。在商场遇到这样的情况，我曾经一度怀疑“这还是不是我家的孩子”。而我妈则说：“这是我外孙子吗？我家的孩子怎么会这样呢？”（2岁的男孩子）

孩子的感受

感觉不开心，小情绪爆发，然后开始打滚。因为在这个阶段，孩子还不能清晰地表达出“想要〇〇嘛”“不想〇〇嘛”的心情。虽然想让妈妈理解，但是却说不明白。所以才会躺在地上，用尽全身力气表达自己，希望得到家长的“理解”。

应对方案

【等待孩子冷静下来。】

表达“不开心”“讨厌”的心情，本身不是错事。如果条件允许，可以等待孩子冷静下来。但如果碰巧身处商场，确实有点儿难堪。如果孩子刚刚2岁，可以抱着孩子赶紧走到能允许他大哭大叫的地方去，然后等待孩子自己冷静下来。

育儿
小窍门

~外出②~

• 充分了解情况以后再出门

提前用手机进行搜索，了解洗手间、母婴室等设施的具体位置，然后再出门。随时做好随机应变的准备。

• 留出充裕的时间

出门在外，带着孩子总需要更多的时间。所以，出门时多留些时间吧。

• 灵活调整计划

对于必须要去的地方，当然要付诸行动。但有时，也要在外出之前做好灵活调整计划的准备，例如“也不是一定要今天去”。

事先做好万全的准备

假设马上要出门，想象一下有可能会发生的各种情况，以及会出现的焦虑情绪，然后有针对性地设想一下应对方案。这样的过程，能帮助我们降低暴怒的概率，也能帮助我们回避和孩子的正面冲突。

【可以提前下功夫。】

• 收集信息，避免让人情绪暴躁的情况发生

孩子在拥挤的电车里大哭起来，是一件让人头疼的事情。如果家长在意周围的视线，可以避开人多拥挤的时段出行。**例如，回避早晚高峰、绕开拥挤路段、选择稍远但是乘客少一点儿的线路等。**

有些地方，为了进一步方便亲子出行，出现了很多能覆盖出行范围的APP。我们能通过这些APP，提前了解直梯的位置、可以给孩子换尿不湿的母婴室地点等，大家可以提前确认一下。

• 选择孩子心情好的时间

傍晚的时候，孩子经常因为困倦而心情不好。当然，也的确有些孩子总是上午闹情绪。临时外出的时候，**请尽可能选择孩子情绪比较好的时间段吧。**

• 做好准备，避免孩子闹情绪

例如，在餐厅等待上菜的时候，孩子可能因为“等待的时间太长了而感到烦躁不安”。**那么，我们可以提前准备一些小玩具（例如绘画用的笔和本、折纸、配乐小玩具等）来度过漫长的等待时间。**现在，有的餐厅会专门为小朋友准备涂色绘本和蜡笔。

• 寻找适合小朋友就餐的餐厅

一旦孩子在餐厅内哭闹起来，周围客人的目光是最令人难堪的，所以我们可以提前寻找一些比较适合小朋友就餐的餐厅。最近，有些餐厅会专门开设幼儿进餐区。

此外，还可以在天气好的时候在室外餐桌就餐，那么，孩子就算有点儿小哭闹也没关系。

• 到底是为了让孩子体验，还是家长想去呢？

家长可能想带孩子去游乐园、温泉等休闲场所，与家人一起享受一下温馨的家庭时光。

但是，因为孩子太小，他的体力也许还达不到那个程度，或许也感受不到那些地方的乐趣所在。也就是说，带孩子去之前，首先要考虑是否适合孩子的喜好。我们买了主题公园的门票，想要从早到晚好好玩一天，可是也应该尽量配合孩子的状态，提前半天或几小时结束战斗。别忘了要下些功夫，获得身心愉悦的体验。

如果家长“超爱主题公园，想要好好玩乐一番”的话，应该等孩子稍微大一点儿再带他一起去。或者，可以把孩子托管在祖父母家，然后享受一下夫妻二人的美好时光。

不要担心“因为自己想出去玩，却给别人造成了负担”这种情况。**爸爸也好，妈妈也罢，都需要适时地放松一下。**

好好放松一下，明天再神采奕奕地享受育儿生活吧。

可以这样做啊！

稍微改变一下视角，
孩子的情绪还是能够平和下来的。

第4章

这样的时候
应该怎么办？

孩子之间的
语言、行动的困扰

非独生子女的情况

老大欺负老二

老大欺负老二的情况非常严重。老大正在玩儿玩具，要是看到老二兴致勃勃地凑过来，就会把老二推开，或者动手打人。（4岁的女孩子、1岁的男孩子）

孩子的感受

老大可能在想："好不容易我才坐下来玩一会儿，你别过来捣乱。一边去！"老二呢，可能是觉得："姐姐在玩什么啊，看上去真有意思，带我一个吧。"

应对方案

【确保老大有一个能安心玩耍的空间。】

确实，动手推人、打人的情况是不对的，要把这一点清晰地告诉孩子。但是，很有可能老大已经跟老二解释过了"别碰""到那边去"的想法。

从老大的角度考虑，白天在幼儿园过集体生活，晚上回到家好不容易能按自己的心意玩一会儿，要是老二再来打扰肯定不开心。**要是客观条件允许，能不能专门给老大安排一个能安静玩耍的空间？如果空间不允许，可以让老大暂时在桌子上面玩一会儿，或者用幼儿栅栏圈一个小空间也行。**或者，干脆在老大刚从幼儿园回来的30分钟内，家长把老二背在身上做家务等。

【如果老大的行为良好，要记得表达感谢。】

如果家里有两个孩子，老大有时候会做出欺负老二或者训斥老二的行为。这种时候，要特别注意处理想要欺负弟弟妹妹的老大的情绪。

另外，与其批评老大的不良行为，不如换个角度来表扬老大的良好表现。**毕竟，老大更容易成为家长的得力小帮手。**

当老大把玩具借给老二，或者帮家长看护老二的时候，要记得跟孩子说“谢谢”“可帮了我大忙了”！

非独生子女的情况

每次哄睡觉的时候都烦躁不安

我哄孩子睡觉的时候，还是忍不住气得喊了起来："都快去睡觉！"其实，在8点半的时候，不到1岁的女儿就困得迷迷糊糊了，当时已经哄睡着了。然而，老大一犯困就撒娇，总要求"妈妈也一起睡觉嘛"。我以为孩子终于睡着了……没想到刚起身，老大就要这个要那个。刚处理完，老二又醒了。接下来还得重新哄老二。（3岁的男孩子、1岁的女孩子）

孩子的感受

孩子困的时候就会想撒娇，大人可能也是如此。困了的时候，就是孩子最不设防的状态。所以，老大的撒娇，只不过是想在最暖心的环境中进入梦乡的本能体现。

应对方案

【让爸爸早点儿回家。】

妈妈要哄两个孩子睡觉，真的太难啦。年龄不同，性格各异，就算是双胞胎，也未见得睡觉的生物钟完全一致。

也许有点儿难，但先跟爸爸商量一下，看看他能不能早点儿回来吧。爸爸最好能在吃晚餐的时候回来，然后夫妻二人一起分担吃饭、洗澡的任务，其乐融融。也许不能每天都这样，但一周里只要有那么几次爸爸早点儿回来，就能有了“坚持今天和明天，后天爸爸就能早点儿回来带孩子睡觉了”的小期待。这样一来，心里有期待，就更容易克服困难了。

【改变哄孩子睡觉的顺序。】

要是爸爸很难早点儿回来分担家务，妈妈只能独自面对哄睡工作的话，就只能尽量减少对生活的斤斤计较了。虽然真心想把两个孩子都早点儿哄睡，但是难度很高啊。

我们先来想想应该让哪个孩子先睡吧。因为老大要去幼儿园或保育园，早晨要起早，所以我们可能有一个希望孩子“○点睡觉”的设定。相反，老二的睡觉时间可以更宽松一些。那么，让我们把哄睡觉的顺序改成先哄老大再哄老二怎么样呢？

为了实现这样的节奏，可以让老大早晨早起一点儿，这样一来，晚上就能早早入睡了。

育儿
小窍门

~兄弟~

• 确保老大的安全区域

老大玩的时候，要是老二去捣乱，双方有可能就会打起来。等老二慢慢长大，兄弟俩就能一起玩耍了。但在此之前，请确保一个让老大可以安心做游戏的小区域吧。

• 偶尔，为老大创造特别的时光

就算多努力实现兄弟间的平等对待，都没办法避免要多照顾一点儿老二的现实。所以，在我们毫无察觉的时候，老大其实已经承受了很多。偶尔，也要为老大创造一下单独跟妈妈相处、跟爸爸外出的特别时光。

• 有先有后

要是两个孩子能一起睡觉，家长就能最高效地完成哄孩子睡觉的任务。但现实中，没办法保证每天如此。要是实在忙不开，可以先哄一个孩子入睡。

或者，可以跟老大商量，让他来帮帮忙。

语言·行动

腾不开手的时候非要抱抱

正做着饭腾不开手的时候，孩子总来跟我说“妈妈抱”。这种时候应该怎么办呢？（2岁的女孩子）

孩子的感受

妈妈觉得已经“手忙脚乱”的时候，孩子很有可能感觉妈妈冷落了自己。所以，因为孩子感到小寂寞，才会出现“现在想让妈妈抱抱我”的要求。

应对方案

【告诉孩子现在妈妈处于什么状态。】

对于孩子来说，不能切实理解爸爸或妈妈正处于腾不开手的状态。

到了2岁半到3岁，确实有的孩子能看出“妈妈在忙”的状态，此时，他们会多少考虑一下妈妈的感受。但是基本上来说，孩子还是会优先表达出“想要抱抱”的感受。**毕竟，孩子只是想表达自己的愿望，而不会意识到这时候要求抱抱可能会给妈妈添麻烦。**

要是妈妈还应付得过来，可以停下手边的事情抱抱孩子。可如果真处于炒菜做饭等腾不开手的情况，可以告诉孩子：“妈妈现在在炒菜啊，没法抱宝宝。等一会儿做完饭就抱抱。”把这种情况如实地告诉孩子，再约定一个可以实现的小目标。

要是约定好了“做完饭抱孩子”，最重要的是信守承诺。

【建议拉小手。】

要是不能抱抱，还是会觉得小孤单，这时候孩子需要点肌肤接触。所以，我们可以提出“对不起啊，现在妈妈在做饭，不能抱你。那我们拉拉手（拍拍手）好吗？”这种马上可以实现的建议。

孩子认清了形势，也有可能从而得到满足。

语言·行动

连续大喊"我不"，暴走

说不，永不停歇。洗洗手！坐在小椅子上吃东西！换尿不湿！刷牙！洗澡！抗拒所有的要求。（2岁的男孩子）

孩子的感受

孩子也有自己的想法，要是家长只是一味地提出要求，孩子肯定想要反驳。他们大概会有"干吗总是命令我啊""我也想安排一下自己的行为"这种感觉，所以，孩子才会说"不"。

应对方案

【给出不同选项，让孩子自己决定。】

特别在2岁左右，孩子正处于叛逆期，自我意识萌发，懂得了“我是我”的概念，开始想按照自己的想法行动。这时候，孩子的内心已经出现了“按照自己的愿望行动”的自我主张。虽然有个体差异，但确实有孩子会对“洗洗手”“坐在小椅子上吃东西”这种指示大声说“不”。

这时候，可以考虑给孩子提供选项。对于家长来说，肯定不愿意跟孩子商量现在是“洗手”啊，还是“不洗手”。**那么，让我们以洗手为前提考虑问题吧。例如，我们准备好固体香皂和泡泡洗手液，让孩子选择：“我们今天用哪个来洗手呢？”当然，没必要因为孩子说了“不”，就对所有的事情做好备用方案。**请您理解，这只是一个帮助家长走出困境的方案而已。

【不行的事情，绝对不能向孩子妥协。】

有的孩子说“不”，是为了试探大人的反应。

虽然理论上讲，孩子没有那么明确的战略理念，但也许存在无意识地要去确认“多说几次‘不’，说不定就行了呢”的侥幸心理。

所以，家长不能每一次都对“不”妥协，更不能每一次都顺从孩子的意愿。要是孩子找到了“只要我说‘不’，就肯定能得逞”的规律，那么孩子就理解不了“不行”的底线。

我们应该根据实际情况来判断。例如，我们叫孩子“洗澡了”，孩子却说“再玩一会儿”的话，可以答复孩子“那就玩最后一次”。还可以与孩子商量，一起选择解决方案的办法。

语言·行动

拖延应该做的事情、找借口

这孩子总是对应该做的事情拖拖拉拉，吃饭、洗澡、换衣服、刷牙……明白孩子正玩到兴头上不可能停下来，所以特意选择差不多可以告一段落的时候叫她。但这孩子总是故意借着玩起下一个玩具，说“我正玩着呢，不去”这样的话。时间完全不可控（哭），从早到晚都在跟女儿作斗争。（4岁的女孩子）

孩子的感受

应该是“爸爸可能想在这个时候干点他自己想干的事儿，可是我呢，也想按照我的节奏和时间走啊”“爸爸要求我做这个做那个，可是我不能一个一个地一直做啊”的想法吧。“我倒也不是故意这样的，就是碰巧找到了下一个想做的事情了。”

应对方案

【跟孩子商量，如何才能配合家长的要求。】

“开始下一个游戏”，意味着孩子重视自己的节奏，不想听命于别人的指示。

到了4岁，孩子已经开始考虑自己的感受，并冒出自己的想法。所以，让我们冷静下来跟孩子商量吧。

与其说不喜欢接受指示，不如说孩子在对“自己没有得到尊重”感到抗拒。所以请家长考虑一下应该怎么办，这样才能让孩子自发地采取行动。

如果时间充裕，可以跟孩子商量一下：“早晨起床以后，到去幼儿园之前，我们需要刷牙、吃饭、换衣服吧。每天出门之前都挺紧张的，怎么办好呢？”

跟孩子商量时间的安排和事件的顺序，让孩子参与决定。就连要穿的衣服，也可以在前一天晚上跟孩子商量好以后，先拿出来准备好。这样，时间才会更宽裕一些。

【写好时间表】

还有一个方案，就是写一份简明易懂的时间表，然后贴在家里醒目的地方。

当然，一定要让孩子也参与到“早晨和晚上的时间表”制作中来。

可以用漫画的形式画出一个表盘的样子，然后写上“〇〇点钟”，然后标注应该做的事情。或者，**可以制作一份任务清单，完成了就张贴小粘贴。也就是说，家长可以下些功夫，跟孩子一起考虑更愉快、更有趣的交流方式。**

留心关注老大的语言和行动

如果家里不是只有一个孩子，那么对孩子之间的关系感到困扰的家长应该不在少数。

新生儿刚出生时，家长的关心和精力一定要分一些给家里的老二。但与此同时，还要兼顾老大，保持同之前一样的亲子状态，所以让妈妈（爸爸）单独处理是一件很难的事情。基本上来说，家长很难保持之前的生活节奏。

在与孩子相处的时候，仅仅两个孩子的吃饭、睡觉、排便这些日常基本需求就已经让大人不得不全力以赴了。“我一个人应付不过来啊！”这种迷茫和辛苦一旦爆发，就免不了对孩子大喊大叫。

对于家长来说，肯定会对“排出孩子需要照顾的优先顺序”这种观念非常排斥。但只能独自面对两个小孩子的时候，可以考虑一下尽量优先照顾家里的老大。

正常来说，我们花在婴儿或者说家里的老二身上的时间和精力要更多一些，例如，更换尿不湿、喂饭等。

这就导致老大很容易被排在后面，所以才应该有意识地尽量把照顾老大的顺序排在前面。

老大已经有各种各样的小情绪，也会向家长传递各种小讯息。除了语言之外，还有行动、情绪等，这些都是来自孩子的信号。要是一边照顾老二，一边漫不经心地应付老大的讯息，那很有可能心有余而力不足。与其这样，不如耐心一点儿，多关注老大的表情和行为。

在让家长困扰的行动里面，一定隐藏着老大令人怜惜的小情绪。让我们耐心倾听孩子的想法，尽可能做出回应吧。

有时候，孩子也会言不由衷

有时候，孩子的语言和想法，并不是完全一致的。

成年人也是如此，有时候想逞强，或者有时候想隐匿自己的真实想法等。

特别是家里的老大，或者是三个孩子中的老二，这种倾向比较严重。例如看到家长正在照顾最小的孩子，虽然也想撒娇但是只好忍一忍，或者通过兴高采烈的神态来掩饰自己的小孤单等情绪。

还有一个比较常见的情况，在幼儿园或学校非常自立的孩子，一回家就很奇怪地变得懒洋洋的。

这些都是孩子在茁壮成长的证据。这些行为体现了孩子萌发出的社会性认知，也就是说，在学校和幼儿园这样的公众场所行动时，会考虑周围的氛围和情况。

然后，回到家才会毫无顾虑地撒娇，以求心理平衡。家长也许会因为“在家也能做到的啊”“明明自己能做到，为什么要撒娇啊”而感到奇怪，但是如果想到这些都是孩子在外面努力过了的证据，是不是就应该尽力满足孩子的小撒娇了呢？

当孩子的要求不断升级时，可以用“这个倒是可以帮你，但是△△的话就要靠你自己了”等话术，适当设定一条底线。

兄弟俩打架的结果

倒不是说都怪老大。请耐心听一听理由吧！
要是让他们自己解决，没准儿还能解决得更好呢。

第5章

这样的时候应该怎么办？

在幼儿园、学校学习的场景

幼儿园生活

不去幼儿园

出门去幼儿园之前，会找些“我又困了”的借口，总是不能按时出门。我有时候会一边给老二穿衣服，一边说“等弟弟穿好衣服我们就出门”这样的话。难道是我的说法有问题吗？有时候我会一边生气地说“不管你了”，一边往玄关走。这时候，孩子就会哭哭啼啼地跑到玄关来。（3岁2个月的女孩子、3个月的男孩子）

孩子的感受

大概是一种“要是我说困了，妈妈是不是能来哄一哄我呢”的心情。另外，在“不想去幼儿园”这种潜意识的驱使下，可能孩子并不是故意捣乱，而是真的有点儿犯困了。

应对方案

【对老二的小嫉妒？帮助孩子调整情绪吧！】

老二才刚刚3个月，很可能老大也有那么一点点想回到婴儿期的念头呢。是不是带着老二一起出门，但之后只有老大去幼儿园？所以，孩子心里的真实想法可能是：“我也不想去幼儿园呀，我也想跟妈妈一起在家玩儿啊。”虽然知道最后还是要去幼儿园的，但是控制不住想留在妈妈身边的情感。但是，对这个年龄的孩子来说，还不能清晰地理解自己的心情，更不能把自己的心情明确地表达出来。

“不管你了”，只是用来吓唬孩子的话，但却能导致孩子更大的不安。

家长对不听话的孩子，时不时就会冒出几句这种吓唬孩子的话吧？请不要这样做了。请在这样的时候，耐心地帮助孩子把情绪调整到对愉快幼儿园生活的期待中去。例如通过“今天要不要试试那个游戏”，“今天要跟小○○（好朋友）玩还是跟小△△玩啊”等对话，巧妙地帮助孩子管理情绪。

幼儿园生活

不准备要带去幼儿园的东西

每天早晨去幼儿园之前，孩子既不做准备，也不换鞋子，就是在那里一直玩，让人恼火。（4岁的男孩子）

孩子的感受

可是一开始玩，就根本停不下来啊。“再让我玩一会儿”“就想这么一直玩”“别催我”。

应对方案

【向孩子提出具体的要求。】

家长常说“赶紧收拾”，孩子也常常充耳不闻。与其这样，不如向孩子提出具体的要求，例如“差不多应该换衣服了”等。

【跟孩子一起商量时间安排。】

家长把孩子送到幼儿园以后，还要匆匆忙忙地赶往各自的工作岗位，并没有富余时间。要是孩子还不按自己的要求行动，难免心烦意乱。要是每天早上孩子都想多玩一会儿，就重新安排一下时间吧。

例如，我们可以跟孩子商量“要是想多玩一会儿的话，要早起20分钟哦”，然后按照新的时间表安排起居。

或者我们还可以跟孩子商量，“都收拾好以后可以玩一会儿”“游戏时间截止到表针到这里哦”。孩子沉迷于游戏后，未见得能注意到表针的指向，所以家长还要下些功夫来做提醒。比方说出门前5分钟提醒一下孩子，或者调个音乐闹钟等。无论如何，请提前安排好能让孩子注意到的方法。

育儿
小窍门

~幼儿园生活~

• 确认孩子不想去幼儿园的理由

“不做出门前的准备”“不想去幼儿园”，**这种情绪可能来自对幼儿园里发生的事情的恐惧（跟小朋友吵架、老师太严厉等）。**请耐心听一听孩子的想法。

• 为去幼儿园的准备事项列好清单

可以选择用漫画的方式，把幼儿园小书包里应该装的东西画出来。也可以通过“手帕、杯子、牙刷，这三件物品准备好了吗”这种数量确认的方法来提醒孩子。

• 让准备更加规律化

提前跟孩子商量好时间安排，例如“表针到了○的地方，就开始换衣服吧”。对这个年龄的幼儿来说，不太容易按照表针来采取行动。那么，我们可以试着让生活更加规律化一些。**比方说定好“吃早饭、换衣服、做好准备以后，可以在去幼儿园之前看一会儿绘本”。**

不积极参加足球练习

孩子自己说想踢足球，然后给他报了足球班。可是每次出门前都磨磨蹭蹭，练习中也不太上心。（6岁的男孩子）

孩子的感受

“我，其实不太想踢足球。”“教练太凶了，挺吓人的。”“倒是挺喜欢踢足球，但是别的小伙伴都挺熟，没人跟我玩。”

应对方案

【是真的想踢足球吗？】

经常有家长说，“孩子自己说想学，我们才给他报班的。”当然，孩子一定说过“想学”的话，但是不是因为当初“试听课的时候挺开心的”呢？孩子体验到了新鲜的事物，当然想继续尝试，这是很自然的情感。而试听课上，老师一定也希望吸引更多的学员来上课，所以大多数的试听内容都浅显易懂、妙趣横生、亲切友好。无疑，这对孩子来说非常有吸引力。

此外，孩子很希望迎合家长的愿望。家长把孩子带到了试听课上，孩子看到家长对自己上课的样子感到开心，就会情不自禁地说

"想学"！孩子让家长高兴的时候，自己也会本能地感到开心。**在这样的情境下，请客观地判断孩子是不是真的想要继续学习这门课程。**客观地判断非常重要。

【倾听孩子兴致不高的原因。】

倒不是说，因为这样的原因就不能购买课程。因为实际加入以后，有些孩子确实能够慢慢发现乐趣，从而产生兴趣。

但是，如果每次出门前都慢慢腾腾，恐怕就是孩子始终没有提起兴趣的表现了。理由可能就是足球没什么意思、教练太严厉了、没有要好的小朋友。当然，也有其他的可能。**请花点儿时间，好好跟孩子聊一聊吧。**

作为家长，一定希望"开始了，就不要放弃"，同时也担心"半途而废的话，会变成一个没有长劲儿的孩子"。

但如果明知孩子不情愿，也勉强继续的话，会成为孩子的负担。这种情况下，孩子内心抗拒，是很难提高足球水平的。

问问孩子，究竟喜不喜欢足球、是不是还想继续练习，然后再搞清楚是什么成了继续学习的障碍。如果原因在于跟小朋友的关系不好，会不会只是孩子自己假想出来的问题呢？对于跟小朋友、教练等的人际关系问题，家长可以寻找机会帮助孩子跟对方进行沟通。**但是别忘了，在取得孩子的同意之后，才能跟教练或其他小朋友交流。**

育儿小窍门

~学习~

• 观察孩子在学习过程中的状态

除了接送孩子以外，偶尔也请留意一下孩子在学习过程中的状态。确认孩子有没有在积极参与学习过程。

• 确认不想继续学习的原因

如果孩子始终不想去上课，或者学习过程中一直情绪消沉，请一定要倾听孩子的真实想法。

• 别忘了还有停课这个选项

开始学习某种课程以后，家长心里会产生“学费都交了、好不容易学了这么长时间”的想法。但请关注孩子的状态，选择对孩子最优化的选项。万不得已，也可以考虑放弃。

学校准备

不提前准备，经常丢三落四

变成小学生以后，我每次提醒孩子做作业、准备书包的时候，他都会生气地跟我喊“我知道！”，然后继续玩下去。就因为这样，最后经常忘掉收拾书包。为难的是孩子自己，我想他总会吸取经验教训吧。最近常常想，这孩子什么时候才能长大呢？（6岁的男孩子）

孩子的感受

“我正想收拾呢！”“我有自己的安排！”“但是，谁没有忘东西的时候啊，爸爸不也有时候丢三落四嘛。”

应对方案

与幼儿园生活不同，成为小学生以后，就必须要学会自己准备上学物品、自己对时间进行管理。但是，在此之前还有好长一段路要走。在这个过程中，请尊重孩子“不想被家长念叨”“自己可以做到”“希望自己安排”的心情吧。对于孩子的成长，我们守候着就好。

要是在这个过程中，家长时时刻刻念叨“作业写完没”“打印好了吗”“落东西没”这种话，很有可能就打乱了孩子的节奏。

如此一来，孩子就会不耐烦地回复说“唠唠叨叨”“我知道了”。

在赶时间的时候，我们都没办法如实地表达各自的情绪，所以请在周末，或者早回家的时候，坐下来耐心聊一聊吧。而且，在督促孩子动作的时候，不要一口气提出所有要求，而应该把问题逐个拆分开。比方说，“准备什么时候做作业啊”“学校的东西准备好了吗”“应该怎么提醒自己，才能防止落东西呢”。

育儿
小窍门

~学校的准备~

• 商量时间的使用方法

把爸爸妈妈的担心告诉孩子，一起思考什么时候应该做什么。让孩子自己来做时间计划，然后自己判断能否实现。最后，让孩子根据实际情况自行调整。

• **在一定程度内放任自由**

家长确实会担心这、担心那，但是不要对小学生过于细致地叮嘱，请在一定程度内对他们放任自由吧。要是怎么也不能让大人放心，就找个时间跟孩子聊一聊解决之道。

• **落了东西怎么办?**

跟孩子商量一下："要是落了东西怎么办？"

当然，最好没有丢三落四的毛病。但是，人非圣贤，孰能无过？告诉孩子，这样的时候可以跟老师报告，或者跟小朋友借用。这个时候的孩子，也应该学习随机应变的能力了。

不把玩具借给其他小朋友

在儿童乐园的时候，特别喜欢霸占玩具自娱自乐，从不把东西借给其他小朋友。（3岁5个月的男孩子）

孩子的感受

可能单纯是“我正玩呢，凭什么要借给别人？”的想法。孩子不明白，为什么自己正玩得高高兴兴，干吗要停下来让给别人。这个玩具，现在“是我的东西”！

应对方案

【接受孩子不愿意分享的情绪。】

对家长来说，当然希望孩子跟小朋友一起开心地玩耍。但是，如果单方面强迫孩子“把玩具借给别人”，则是一种不合理的强势命令。无论如何，请尊重孩子当下的情绪。

如果不接受孩子的情绪，一味要求“借给他”“不能说不行！”的话，这些命令和否定言论都会对孩子的自尊心产生影响。

让我们接受孩子当下不愿意分享的感受吧。

【跟孩子商量。】

接下来，跟孩子商量一下如何解决这个问题。

向孩子解释当下的状况和对方的感受。比方说：“小○○也想玩，但是现在只有一个△△，你觉得应该怎么办呢？”**让孩子自己思考，然后督促孩子自己提出解决问题的方案。**

可是，也可能孩子无论如何“都不愿意分享”。

这时候，鼓励孩子自己去跟对方交涉吧。例如，“我现在特别想玩这个玩具。”而家长，可以跟着孩子的话补充说明：“对不起啊，请你稍微等一会儿。等过一会儿，我们再问问他吧。”

广场·公园

偶尔去一次公园，却一直要抱抱

推着婴儿车，把孩子带到了公园。现在孩子会走了，想让他多跑跑跳跳消耗体力，然后晚上睡个好觉。可是孩子一到公园就要抱抱。到最后只能抱着孩子坐在公园的长椅上，也不知道到底为什么来公园。（2岁的女孩子）

孩子的感受

“人家只来过这个公园3次啊，也不知道怎么回事。真害怕，想贴在妈妈身上。”

应对方案

【让孩子慢慢适应公园的环境。】

成年人恐怕也是如此。孩子在接触新鲜场所和新鲜人群之前，是需要一定勇气的。

这个过程中，存在个体差异。**要妈妈抱抱，是因为自己的不安，也因为需要从妈妈身上获得一些勇气。**不要只抱着孩子从公园一闪而过，看到孩子有点儿怕生就放弃了。我们可以尝试在公园多停留一段时间，享受一下优哉游哉的氛围。

例如一起坐在长椅上，轻轻拍拍宝宝的后背，随便聊聊天。或者抱着孩子走一走，在散步的时候看看周遭的游乐器材，告诉孩子："这个叫作秋千，可以坐在上面荡高高哦。"也可以一起蹲下来，看看树上的叶子、地上的小草，寻找一下忙碌的小蚂蚁。

这样几天以后，孩子就能适应公园的环境以及周围奔跑的孩子，然后试着开始自己的探索之旅。

能否离开家长自己玩耍，取决于孩子自身的成长。也可能只是由于当天的心情，不愿意离开妈妈也说不定。

但当孩子完全适应了公园以后，也会存在怎么也叫不回来的困扰。

不回家

在公园玩了一会儿，不管我怎么说“回家了”，孩子都不跟我走。我必须要回家做饭了啊，这个怎么办？（4岁的男孩子）

孩子的感受

“还想在公园玩一会儿。”“我正玩得开心呢！”

应对方案

【稍微妥协，提出条件。】

孩子正在兴头上，玩得乐此不疲，这时候很难熄灭孩子的热情。如果还有富余时间，可以提出家长希望的时间或次数方案，就像“妈妈还要回家做饭，再玩2次就回家好吗”这种催促的感觉。要是孩子提出“再玩3次”的要求，可以相互商量解决。

【提前告诉孩子回家的时间。】

要是每次回家都特别困难，可以提前告诉孩子做好准备。

例如，通过“时针到了6的时候就会回家了，还有10分钟”等语言，提前向孩子发出信息。

当然，孩子并不会在玩的时候留心几点了。所以在还有5分钟的时候，要再提醒一下“还有5分钟了”！

育儿

小窍门

~在公园等处玩耍的时候不愿意回家~

• 理解孩子不想回家的情绪

对孩子“还想再玩一会儿”“不想回家”的情绪共情。

• 留出让孩子调整情绪的时间

孩子的情绪调整不过来的时候，可以建议“再玩2次就回家，好吗？”。要是孩子说“3次”，那么就小小地妥协一下吧。

• 在孩子回家以后给他分配一点儿任务

例如：“回家以后帮妈妈做沙拉，好吗？”如果孩子理解回家以后还有帮妈妈做饭这样的乐事，就会比较容易调整心情了。

心情不好和身体不好的时候会有这种表现

成年人的世界里，存在“心情不好，夜晚失眠导致身体不好”“一紧张就肚子疼”的现象。

孩子每天早晨去幼儿园，或者上学之前都说肚子疼，可是去医院看了，也没什么生病的症状。即使如此，也不能口不择言地对孩子说“装病！”“心态问题！”“别说胡话，赶紧起来！”这样的话，更不能因此训斥孩子。很可能，这是孩子发出的求救信号。

也许，孩子真的感到了肚子疼。

请在孩子身体良好、心情不错的时候问问孩子：“为什么会有这样的感觉呢？”

这时候的关键在于，不要用“为什么不去？”“告诉我理由”这种责问的语气。孩子的身体不适，很有可能来自内心的脆弱。首先，让我们精心创造一个让孩子更加舒适放松的环境，然后柔和地告诉孩子：“要是学校（幼儿园）有什么事情，要告诉妈妈哦。”

大多数情况下，孩子如果不能在心里整理好感到困扰的事情，就没办法用语言描述出来。在孩子能完整描述出自己的困扰之前，也许要花费一段时间，请家长耐心地等待一下吧。为了让孩子放心地说出心里话，提前准备好让孩子感到身心放松、安全得以保障的环境尤为重要。要是孩子的身体状况良好，可以通过早睡早起、一日三餐、共同做家务的方法调整生活节奏，等待孩子的身心恢复健康。

另外，有时候如果孩子不能把心事通过具体的语言描述出来，家长就没办法客观地了解实际问题。确实，就连我们成年人有时候也会觉得“莫名烦躁”“没来由地心神不安”。但只要假以时日，就能自然而然地恢复状态。没准儿过了几天之后，才能后知后觉地明白当时“是因为那件事才不开心”的。

别着急获得答案。**首先致力于创造安心、安全的生活环境，然后等待心情慢慢恢复吧。**

在家长看不见的地方发生的事情，只能由当事者向家长讲述。如果从孩子嘴里问不出什么，可以转而向学校或幼儿园的老师询问。

另外，也可以考虑向关系亲密的小朋友获取信息。**这就意味着，从平常开始就跟孩子的好朋友建立友好关系、搭建交流沟通的平台，这是一件非常重要的事情。**

不要给孩子太多任务

如果家长都有自己的工作，会不会为了避免孩子贪图玩乐、荒废学业，而在放学后给孩子安排很多补习班呢?

即使是成年人，也需要通过静下心来、放空自己的方式来让自己放松，何况孩子呢。

如果家长给孩子施加了太多的负担，孩子就会成为被动接受的一方。

例如学习。多种多样的补习班，可以增加孩子的体验，并非坏事。但如果孩子始终处于听令于老师和教练的环境中，总是要按照别人的指示做出行动的话，就很难学会如何安排生活的优先顺序、如何自行判断。

假设一群小朋友正在一起玩耍，大家会一起商量“玩什么”“怎么玩”。等玩了一段时间以后，还可能演变出新的游戏规则，甚至开发出新的游戏……

为了让孩子养成独立自主的个性，需要给予他们不被限制的时间。

请千万不要把孩子的时间塞得太满，要留给孩子一些自己的时间。

兄弟俩打架的结果

确实有这样的阶段啊！

第6章

这样的时候
应该怎么办？

对老公和
长辈的焦虑

将对老公或长辈的焦虑转嫁到了孩子身上

到此为止，我们集中解决了一些由于孩子的问题而造成的焦虑。那么除此之外，还有很多来自夫妻之间、婆媳之间的烦恼。虽说对“老公”感到愤懑的事很多，但反过来，老公也会对“妻子”有这样那样的不满之处吧。

减少夫妻之间、两辈人之间的矛盾，同时降低对自身不满的燃点，其实有助于减少对孩子的不适当言论，更能避免情绪大爆发的概率。

在面对孩子的时候，需要充沛的精力以及旺盛的体力。但是，只有在减少了与伴侣、与长辈之间的矛盾之后，才有可能蓄势待发。

进入抚养子女的人生观阶段以后，我们会从如何面对困境、如何解决问题等层面感受到夫妻之间的价值观差异。

而对于爷爷奶奶、姥姥姥爷来说，也存在同样的问题。妈妈和爷爷奶奶、爸爸和姥姥姥爷之间，毕竟要相互迁就，所以倒不会发生过于激烈的价值观碰撞。而往往在面对自己的父母时，因为不需要考虑太多，从而发生双方的意见冲突。

在面对这种问题时，我们要遵从与面对孩子时相同的原则，那就是伴侣也好，长辈也好，都是独立存在的个体，需要我们保持相互尊重的关系。

为此，我们需要提前跟对方在方法和做法方面达成最起码的共识。

另外一点，就是要降低对他人的要求，也降低对自己的要求。要相互感恩，更要沟通和表达。

对老公的焦虑

以命令的口吻跟孩子说话

因为工作的关系，平时完全没时间带孩子的爸爸，我很希望休息日的时候他能帮我带带孩子，但他只是嘴里喊着“刷牙！”“洗澡！”，非但不会亲自动手，反而绕道过来命令我。说是自己不会带孩子，从女儿出生开始这种态度就没有改变过。现在，4岁的女儿拒绝跟爸爸接触。我虽然是孩子的妈妈，但是他，还没成为爸爸……（4岁的女孩子）

应对方案

【与爸爸的接触，也要慢慢开始。】

与孩子的接触时间少，“孩子都4岁了，还不知道怎么带孩子呢”。长此以往，父女关系不会得到任何改善，爸爸也会慢慢觉得一回家就气氛尴尬。

心平气和地跟爸爸讨论一下“希望拥有什么样的家庭氛围”怎么样？就在孩子睡着以后，两个人可以坐下来慢慢聊。如果时间不合适，可以让祖父母在周末帮忙照看孩子，也可以让孩子去小朋友家玩耍。总之，需要两个人找时间好好聊一聊。

然后，**可以一件一件地找出爸爸比较容易就能上手照顾孩子的事情，然后把方法教给他。**毕竟，妈妈也曾经对育儿细节一无所知。可是爸爸平日就工作繁忙，而周末也有妈妈在家陪同，很有可能不清楚到底应该怎样带孩子。例如，孩子刷完牙以后，家长还要帮忙刷几下。

那么，就可以让爸爸实际看一看妈妈是怎么做的、注意事项是什么，然后让爸爸来试试看。未必只有刷牙这一件事，让我们从一件最简单的事情入手，让爸爸开发独自的解决办法吧（例如一边唱歌一边帮孩子刷牙等）。我想这样，一定能改善父女关系。

对老公的焦虑

把自己的价值观强加到孩子身上

因为上班不能迟到，所以我总要求孩子配合我的时间安排，什么事情都急急忙忙的。可是老公不管多困都能跟孩子玩，不管多忙都要认真做饭，不管时间多紧张也不慌张，好像“自然而然”就做到了。这让我不由得情绪低落。（2岁的女孩子）

应对方案

【不要跟爸爸做比较。】

爸爸能带孩子玩，能帮忙做饭，真是很给力啊！但如果妈妈心里出现“相比之下，我就……”的念头，心里一定酸溜溜的。其实，妈妈一定有带孩子的妙招，更有照顾孩子的好方法。

要是孩子已经能说话了，可以直接问问孩子：“你喜欢妈妈的什么地方啊？”

【让爸爸分担妈妈的重任。】

如果妈妈不堪重负，就会心情焦虑。请妈妈跟爸爸商量一下，分配好每个人的任务，提前定好一天当中的时间安排吧。这样，我们能充分认识到哪些事情爸爸比较擅长，哪些事情让妈妈做更好。

还有一个很重要的事，就是无论爸爸还是妈妈，都需要创造只属于自己的时间。孩子小的时候，很难抽身，但至少每月一次，给自己放半天假吧。请爸爸和妈妈交替配合，调整一下试试看。独自思考、放空冥想，是使心灵得以治愈的重要方法。

对老公的焦虑

不明白如何放手，每晚都跟老公争执

面对家务、育儿、工作，不知道如何忙里偷闲。或者说，担心“不应该偷懒”“不能麻烦别人”的想法过于强烈，结果导致每天晚上都要跟工作至上的老公吵架。快要抑郁了。（3岁的男孩子、1岁的女孩子）

应对方案

【找到可以让做家务更轻松的窍门。】

说到“不知道怎么才能让做家务轻松起来”，很多妈妈都有这样的烦恼。偶尔偷懒，反倒心里不舒服，更加焦虑了。有时候，甚至会陷入“我这么偷懒好吗，是不是在给自己找借口”的自我怀疑当中。

遇到这样的问题时，请把家务事做个分类吧。**把自己无论如何都不能松懈的事情、自己比较在意的事情列出来。**例如，原本就喜好做饭，做饭的时候能给自己些许安慰的话，那不好好做饭反而会产生更大的压力。也就是说，请减轻那些自己本来就不在意、不计较的家务事的负担吧。比方说，用洗碗机洗碗、用扫地机器人扫地等。

此外，可以考虑周末的时候集中购物，或者充分利用送货上门的便利性。

【跟配偶商量。】

即使配偶是工作至上的类型，也可以商量一下如何提高家人共处的时间。要是有那么一天，爸爸回忆过去，发现既没怎么参与过孩子的成长，也没怎么跟家人团聚过的话，该是多么寂寞啊。

要是妈妈说的话不被采纳，那么建议邀请爸爸也积极参与育儿生活的家庭一起聚餐或者一起野餐。**要是同为爸爸的两个人成了朋友，那么他们的想法和育儿理念将会互相影响。这个过程，无异于一场战略性改变。**

现在，出现了很多举办爸爸讲座的团体。改变爸爸的思想意识，启动爸爸的参与热情，这么做什么时候都不算晚。

为爸爸报名听讲座的妈妈不在少数。如果您遇到了这样的机会，建议您也尝试。

对老公的焦虑

散发着焦虑的气场，让老公无法靠近

最近，我浑身都散发着焦虑的气场，让老公无法靠近。而感觉到这一点以后，我更焦虑了。有时候，情绪忽然爆发，都会把自己吓一跳。有一次我抑制不住想动手的冲动时，忽然想起了书里的话，觉得自己必须要离开这个环境，然后就走出了家门。后来孩子哭着追出来，我才稍微冷静一些（大概几十秒的时间吧），然后再回到家里。（2岁的女孩子）

应对方案

重新跟老公探讨一下希望他给予什么样的支持。感觉到自己焦虑不堪，甚至有动手的冲动时，确实应该离开那个环境。

但是在此之前，可以告诉孩子："妈妈有点儿闹心，去一下洗手间，马上就回来。”要是什么也不说就走开，会让孩子深感不安。

人与人不同，大多数男性在烦躁不安时想一个人静静。而女性，通常需要噼里啪啦地把话说出来才能感到痛快。

作为妈妈，要用具体的语言把心里的焦虑表达出来。跟爸爸说，“我心情不好的时候，要来问问我怎么了。”有的人喜欢在烦躁的时候一个人安静一会儿，有的人需要在烦躁的时候一股脑把话都倾诉出来。无论如何，如果老公来问自己怎么了，应该如实地答复对方“我现在想静静，让我自己待一会儿”，或者干脆跟老公发发牢骚。

育儿小窍门

~对老公的焦虑~

• 老公也是另一个独立的人，要就事论事具体地说

“妈妈心情不好”，就算爸爸察觉到了这样的氛围，但如果妈妈不说，爸爸也不能明白妈妈心情不好的原因。不要责怪“你怎么什么都不明白呢”，而应该向对方传递更具体的信息：“我因为○○感到烦躁。”

• 如果因为对方不会做而焦虑，那不如教一教他

假设，妈妈是照顾孩子的主力，那么妈妈肯定更擅长换尿不湿、哄孩子等。这是因为妈妈经历过很多次这种情况。如果能把要点交给爸爸，让爸爸也亲力亲为，爸爸就能早点儿成为妈妈的好帮手了。

• 开个夫妻二人的小会

无论是双职工家庭，还是妈妈在做全职主妇，都需要夫妻二人商量好在忙乱的清晨和夜晚，由谁来负责什么事情。如果进行得不顺利，也可以考虑适当调整。

对长辈的焦虑

一被长辈抱起来就哭，不亲近

每次爷爷奶奶来家里，孩子都因为被爷爷奶奶抱而号啕大哭，弄得我都有点儿过意不去了。是我平时太惯孩子了吗？（9个月的男孩子）

应对方案

【认生，是成长的印记。】

被爷爷奶奶抱会哭，被来访的客人抱也会哭，这是挺让人尴尬的。

但这其实是孩子学会了分辨能让自己安心的父母以及其他人的表现。这不意味着孩子被惯坏了。通常，孩子出生半年以后会开始认生，然后持续到1岁左右。当然，在孩子困了、累了的时候，也会由于心神不宁而不愿意跟陌生人接触。

妈妈和爸爸是自己的避风港，所以，爸爸妈妈可以考虑一下抱着孩子，或者让孩子坐在爸爸妈妈的膝盖上，面朝爷爷奶奶的方向。让孩子保持安心的姿势，试着跟爷爷奶奶笑一笑、握握拳、拉拉手。**或者，可以让宝宝坐在妈妈的膝盖上，听爷爷奶奶给自己读绘本。**这都是非常好的方法。只要孩子认识到对方也能让自己放心，能笑着给自己读绘本，也许孩子就会主动伸手、主动靠近了。这时候，请一定记得去尊重孩子的自主时机。

【让长辈帮忙照看孩子的时候，要有自信。】

把孩子寄放到长辈，例如爷爷奶奶家的时候，孩子难免在分别时大哭一场。

这时候，可以跟孩子说：“妈妈有事出去一下，很快就回来。你在爷爷奶奶家等我一会儿，要开开心心的哦。”

要是妈妈表现出“能行吗？”“不会哭吧？”这种表情，孩子一定会感受到妈妈的不安。

请相信“长辈一定能照看好孩子”，果断地离开。这样的姿态很重要。过一会儿，说不定孩子也会大哭，但毕竟是值得信赖的人，孩子过一会儿就会安静下来的。

对长辈的焦虑

一被问到什么时候生老二，就会发脾气

兼顾工作和育儿，每一天都筋疲力尽。最近甚至开始担忧：好不容易生的孩子，怎么带不明白呢？万一有一天开始虐待孩子怎么办？周围不相干的人也就算了，就连自己家的姥姥姥爷也跟我说“生老二要趁早”“还不要老二吗？”这种话。有一天我实在忍不住了，大发脾气地说：“要老二，自己生啊！”其实，我只是需要被肯定一下……（2岁的男孩子）

应对方案

【告知对方不想听的话。】

还是没忍住，说了“要老二，自己生啊！”的话。

这不过是迄今为止被压抑的情绪一下子爆发了而已。**姥姥姥爷的话虽然不能置若罔闻，但应该认识到那不是责怪，而是希望和惦念而已，**大多数情况下，并没有别的含义。不过确实，有时候这些话会伤人。

姥爷也好，姥姥也好，并不清楚妈妈正在用尽全力面对工作和育儿，理解不了妈妈的苦衷。倒不是说完全不理解，而是不能设身处地地感受那种艰难处境。

对于姥姥姥爷，可以由爸爸妈妈当中更容易沟通的那个人出面，说清楚“生老二是我们夫妻两个人的问题，不希望成为大家庭的讨论话题”的心愿会更好。

姥姥姥爷这个年代的人，大多数倾向于不过多地表扬自己家的孩子。

可能很难去改变老年人的想法，**但可以多在自己父母面前说一些例如“我太太能做到这样的事情”“我老公帮我做这些，让我轻松了很多”，以此来提升配偶的形象。**

即使长辈的言行不发生变化，配偶也会因为你向别人表扬自己的行为而感到欣喜。

对长辈的焦虑

他们告诉我孩子心情不好的时候，不要管他

爷爷奶奶带大了3个男孩子。虽然尊敬他们，但是他们却告诉我，我家4岁的女儿心情不好时“别管她”“让她自己待一会儿”。女儿刚刚4岁，一定是有什么想法，或者有什么事情才会不开心。我可不能不闻不问地任她哭闹……我总觉得，如果说说心里话、抱抱孩子，能缓解孩子情绪的话，那就也能同时增进亲子之间的信赖和感情。所以，有时候不能认同他们的育儿理念，这件事弄得我心烦意乱。（4岁的女孩子）

应对方案

【给爷爷奶奶讲讲“我家的育儿理念”。】

爷爷奶奶的育儿理念和自家的育儿理念出现分歧时，会出现很多烦恼。无论一起生活还是每周见面，哪怕每年只见几次，都有可能出现这种局面。要是每年只见几次，还能用“原来如此”这种客套话应付过去，不用往心里去。

但如果是一起生活，或者每周都要见面的话，家长难免彼此都会感到压力。所以，请双方都认识到，教育孩子的主体是孩子的父母。

当然，长辈的想法和建议也会有道理，值得借鉴和参考。所以，不应该全盘否定，导致双方之间出现对立关系。

但是，别忘了礼貌地告诉对方：“我们家啊，都会听一听孩子的想法，设身处地考虑孩子的感受，让我来处理吧。”

也许听到这样的话，他们会心生不快，**但只要明确了立场和姿态，**就能明确父母才是教育孩子的主体这个观点。早晚，老人也会理解这一点的。

【主张日常教育孩子的理念。】

日常的交流很重要。比方说，跟老人讲一讲“前两天，孩子大哭大闹！我问他怎么了，你猜他跟我说什么？”这样的事情。试着让老人理解父母教育孩子的方法，也理解孩子的感受。

另外，**日常分享孩子做游戏的照片、日常生活的片段，都是很好的沟通方法。**

向对方传递自己家教育孩子的氛围，早点儿得到对方的理解吧。

长辈情商低，导致自己生气

要是孩子不能理解我说的话，我会认为“还是孩子嘛，就这样吧”，然后先把这件事情放下。但是长辈们却是绝对不会放弃的。他们无论如何也要根据自己的育儿经验，重新再尝试一下。我们是姥姥姥爷、我和儿子的四口之家。每次我看到姥姥姥爷快要生气了的情形，自己也忍不住要发火。这时候，反而他们站出来劝我。这样的情况反反复复发生了很多次。（3岁的男孩子）

应对方案

【虽然不容易，但是请以自我为中心。】

感性的人，不仅会受到长辈的影响，其实周围的细微变化都可能会对这类敏感的人产生影响。例如，很多妈妈有过“孩子在电车里哭的时候，被旁边的人侧目了”这种感受。

其实，大多数的情况无外乎是“孩子哭了→旁边人下意识回头→回头的时候只露了个侧脸→你觉得被侧目了”。这只是普通人对哭声的正常反应，回头看看、确认一下而已，其实并没有在责怪孩子哭啼的意思。

可实际上，不乏有些妈妈会对孩子的哭声产生过激反应，但妈妈对孩子的训斥反而会让孩子哭得更厉害。

为了避免尴尬，想要提前处理，但是却出现了相反效果（例如说自己先生气了）的情况不在少数。其实，这类人可能非常符合一个叫高敏感特质人的概念。也就是说，他们比“别人更加敏感”。

这样的人，会在姥姥姥爷生气之前先发火。如果跟这样的人说，“不要那么敏感了”，其实也很难。

但如果您能正确认识到自己正是有这种倾向的人，也许心里就可以轻松很多了。然后告诉自己，**“不要过分感知对方的感情”“不要让对方的感受成为自己的负担”等。**

说起来容易做起来难。但是请提醒自己，也许碰巧对方这一天心情不好、刚刚遇到了什么不开心的事儿，导致愤怒点降低了呢。

如果说，对长辈的言行反应过度，会让孩子感到混乱：“为什么妈妈平时都不生气，只有今天生气了呢？”

告诉自己，姥姥姥爷的情感是他们的情感。我们还是应该一如既往地对待孩子。深呼吸，整理一下自己的情绪吧。

育儿小窍门

~对待长辈的方法~

• 不要忘记尊敬与尊重

长辈生活阅历丰富，对自己的育儿心得非常自信。所以，不要忘记尊敬与尊重。

• 交流对待孩子的方式和教育孩子的方法

如果说长辈偶尔把孩子带回老家照顾的话，一定会按照自己的一套理论教育孩子。那么，家长可以在日常交谈中把自己认为必要的育儿重点、带孩子的方式方法告诉给长辈。

• 严格界定“不可以”的界线

如果有绝对接受不了的事情，一定要提前沟通“只有这个绝对不可以……”。特别当孩子有过敏源时，一定要提前告知长辈认真确认食品的成分。

不要在意他人的反应

因为心情受到了周围人（长辈、其他人）的影响而对孩子怒吼的人，应该不在少数吧？这个现象的根源，来自对周围事件的过激反应。

的确，我们有必要根据实际情况做出随机应变的反应。例如说在讲座进行中，孩子忽然哭了，而且声音盖过了讲师的声音，那么就需要带孩子离开会场。

但与此相反，生活中更常见的情况是老公或公婆马上就要生气（如果孩子继续当前的行为举动）的时候，自己想发脾气了。

简单来说，就是正常家庭生活的时候本来不会发火，但因为在意周围的反应而怒从中来。你有没有想过，这时候，你与对方的关系是不对等的？在这种状态下，你的潜意识在告诉你，要努力向对方展现出所谓的应有姿态。

所以，你已经无意识地把对方和自己放在了上下级关系当中，尽力做出不让对方厌烦、不伤害对方情感的举动。也就是说，作为家长，你并没有按照本意做自己。想让自己看起来更好一点儿，按照更能符合对方需求的方式采取行动，并依据这个思路去改变孩子的行为。

如果你跟周围人的关系已经存在这种勉强迁就的问题，应该马上通过沟通来实现相互理解。如果对方是老公或爷爷奶奶等家人，要让他们了解你的育儿方法，然后努力营造开诚布公的家庭环境。

家里和家外、私密场所和公开场合，需要我们采取不同的应对方式。对外的时候，毕竟属于社会行为，采取不同的应对方式没什么错。但在家人之间，还是应该达成意见统一，避免生活当中产生精神压力。请保持良好的交流和沟通吧！

专栏2 对自己的整理

妈妈和爸爸对自己进行关怀的方法

●别忘了家长也需要心灵关怀

有喜怒哀乐，能体验到情感丰富的精神世界，这样的生活多美好啊！但是，让自己的愤怒爆发出来，可是完全不同的事情。而且，就算是愤怒爆发，也千万不能爆发到孩子身上。一旦愤怒被释放出来，首先你自己会觉得身心俱疲。然后，当孩子、配偶、周围的人感受到你的愤怒时，就很难再与你对等地交流了。

让“自己心平气和地生活”，是非常重要的事情。

家长自己心烦意乱，内心充斥着各种情绪的时候，是没办法与孩子和谐相处的。让我们关怀一下自己，尽力减少自己的不安吧。

我们应该首先了解之前的小专栏里介绍过的压力种类，然后分析自己在什么情况下比较容易感受到压力、现在正承担着的压力是什么。客观地自我内省，也是非常重要的事情。

\ 拿一张纸写下来吧！ /

我的压力（心烦意乱）来源于……

小专栏

●帮助自己缓解压力

如何才能找到缓解压力、解决问题的方法呢？让我们试着把自己的压力来源写下来，分类整理，最后考虑解决之道。

当然，也许现在很难处理，但是我们可以试着调整生活安排，努力给自己“创造一点儿休息时间”。或者让配偶来帮帮忙，缓解自己的疲惫。让我们一起想一想，还有哪些办法吧。

关于自己的身体疲劳

身体不好→尽量按照一定的规律生活。在一定程度上规定好起床和睡觉的时间。

睡眠不足→确保睡眠时间。为此，可以考虑借助配偶和父母的力量。

时间分配

最忙的时间段，恐怕就是早晨出门前和傍晚开始到孩子入睡前了吧？客观地写下应该如何安排这两个时间段。思考早晨和晚上需要处理的事情可否调换，根据实际情况调整安排。

与配偶分担

跟配偶商量有无彼此分担的事情。给孩子换衣服、测体温、检查作业等，虽然都是小事，但分工合作也会提高效率。

利用资源

如果时间有限，就要思考如何利用资源。利用小家电，多少也能节约出十几分钟或者几十分钟的时间。如果送孩子接孩子的时候总是手忙脚乱，何不考虑委托托管机构、家庭保姆来帮忙呢？这样一来，可能会有更多富余时间来与孩子相处。

张弛有度地生活

下些功夫调整生活，不要在自己容易焦虑的时间段里安排太多的事情。

全都是我一个人……

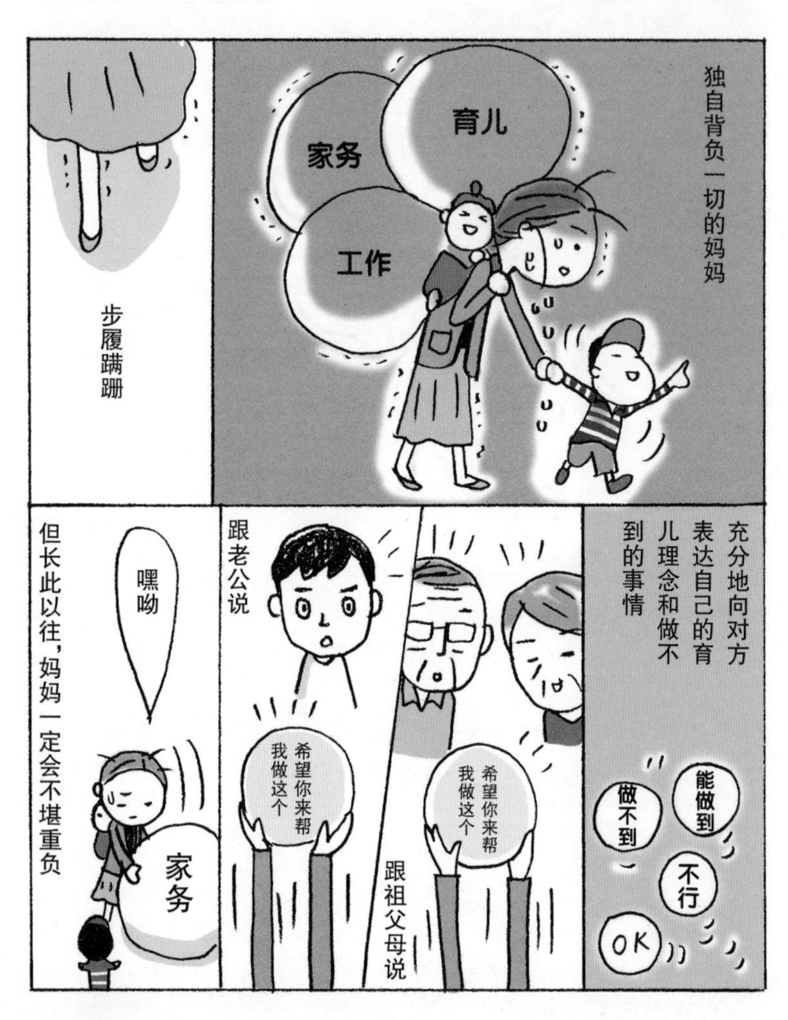

不要一个人烦恼，向周围的人求助吧！

第7章

因为孩子产生的困扰

要跟孩子一起解决

传递有具体内容的肯定意见——“我”的讯息

本以为已经告诉孩子了，但很有可能意思没有传达清楚。跟孩子说话的时候，请留意下面这些内容吧。

• 肯定式语言

例如，家长们常说的“不要跑”，属于否定式语言。

这个思路非常简单，“要是不能跑的话，应该怎么办呢”？所以，我们在跟孩子说话的时候，简单说“慢慢走”就好了啊。对于发育缓慢的儿童来说，基本上也要采取这种肯定式的语言来沟通。

“适可而止！”→“不能○○”

“不要跑”→“慢慢走”

“太吵了！”→“不要说话了”

“为什么不收拾房间！”→“好了，收拾一下吧”

• **具体的内容**

当孩子把好多玩具铺得满地都是时，如果你只是说“收起来”，孩子可能理解不了“应该做什么”。成年人也有这种时候吧。当那么多要做的事情和一句“快点，全部做完！”的话遇到一起，成年人也会困惑于“应该从哪里开始呢？”。

这种情况下，应该注意语言的具体内容。

例如，“你来整理积木箱好吗？妈妈收拾小娃娃”这样。因为“收拾”的范围太大，可以把范围缩小到“收拾△△”的程度，或者可以从一开始安排好优先顺序，告诉孩子“先把□□整理一下”。

• **传达我的讯息**

包含否定式语言在内，那些有大量感情冲击的声音都属于语言暴力。例如：“怎么就弄不明白呢！”“我要说几次你才懂！”“你怎么总是这样！”

无论在什么场合，只要突然怒吼出来，就免不了让孩子接受一番狂风暴雨般的语言打击。可想而知，无论是怒吼着的家长，还是接受呵斥的孩子，都会瞬间失去好心情。可以想象，孩子很难在这样的环境中获得自我肯定感。

让我们想想看，在下述场景中，家长释放出什么样的信号，才能更有效地促动孩子的响应呢？关键在于，如何把自己的想法传递给孩子。

如果孩子还想“再玩儿一会儿”，那么作为家长可能会坚持“赶快收拾”的意见，如果互不退让就会发生冲突。**那么，就让我们换一种策略，试试把“我的”想法传达给孩子。比方说：“妈妈有点儿累了，能帮我收拾一下吗？”**

当然，未必我们单方发出信号，孩子就能全盘接收，也未必马上就能响应。所以，我们还可以解释一下“为什么希望孩子这么做”，来获得孩子的理解。

例如说：“我们趁热把饭吃了吧，所以赶紧收拾一下玩具好不好？”请一定记得，把我们的真实想法和要求告诉孩子。

降低问题难度，才能更容易地解决

我们之前说过，**要让信息“具体化”、缩小要求的范围、只要孩子去做能理解能做到的事情（跟孩子商量之后决定），这些是帮助我们解决问题的钥匙。**

例如，如果孩子还处于低年级，恐怕理解不了家长说的“快写作业”的要求。毕竟那么多作业，从哪里开始呢？

家长：“今天的作业是什么？”

孩子：“字词练习，还有口算题卡。”

家长：“准备先做哪个？”

孩子：“两个都挺麻烦啊！”

家长：“哪个能更快完成？”

孩子：“字词练习吧？”

家长：“那就先写字词练习怎么样？”

大概这样沟通，就比较合适。

孩子的性格各异。有的孩子会选择把难一点儿的作业放在前面，但会花费更多的时间和体力，写也写不完，这可能会耽误下一项作业的完成情况。

如果觉得有好多好多作业等着自己，不知不觉心里就沉重起来，情绪越来越消沉。大多数情况下，还是从难度较低的项目开始完成，这样会更加得心应手一些。

伴随着这种亲子之间的交流，**孩子会学会自己安排优先顺序，懂得如何规划自己的时间。**

可以让孩子发表意见的“开放问题”

有时候，让孩子表达自己的情绪，说出自己的心声，是一件有点儿困难的事情。

从孩子的角度来说，也有希望被家长倾听的时候。比方说，孩子说“你看！看那里！”“那个，我给你说……”的时候，家长应该积极地给予回应。当然，在做家务的时候，可能无法马上过来。即使如此也要告诉孩子，“等我洗完碗就过来”，给孩子一个具体的时间节点。最重要的是，答应孩子的事情一定要兑现。

倾听的重点，是要让孩子尽可能地诉说。

在亲子之间交流的时候，要是过于刻意就会让对话索然无味。但是，建议您时不时地留心一下，试着区分使用开放问题和关闭问题。

关闭问题，是那种可以用YES和NO来简单回答的问题。

而开放问题，则是让对方畅所欲言的问题。

例如，我们现在要欣赏一下孩子的绘画作品。

关闭问题："你画了只小狗呀？"→"嗯。"

开放问题："这是画的什么啊？"→"我画了一只小狗。小狗正在散步呢。"

虽然开放问题也能以"你画了只小狗呀"来开头，但是接下来还要追问"它在干什么啊？看起来好高兴的样子"等。这样，孩子有机会回答"小狗正在散步呢"。

有的妈妈，每天接孩子从幼儿园回来以后都会问孩子："今天怎么样啊？"然后孩子会说："那么多事，说不过来啊！"

对孩子来说，可能觉得一口气说完"幼儿园一整天的事情，可太费劲了"，所以只会给妈妈讲一讲自己印象最深的、最开心的事情。也就是说，**如果问题太模糊，孩子也不知道从哪里回答才好。**可以试着把问题改成："今天玩儿什么来着？"

在了解孩子在幼儿园、学校的情况之后，家长的问题也可以自然而然地转换为“孩子感兴趣的事情”。例如“今天做了什么手工？”“今天中午吃到咖喱饭了吗？”……了解孩子的日课、确认午餐内容等，都可以在一问一答中充分获得信息。

要是孩子心情不好，看起来没精打采，很有可能不太会主动说话。这种情况，可以试试关闭问题。比方说：“幼儿园有什么不开心的事情吗？”→“嗯。”→“要是想说的话，可以告诉我吗？”……

等待时间、完成时间，以及过渡时间

跟孩子交流时的重心，要放在等待时间上。

家长问“怎么办？”，孩子沉默不语。家长没有等到孩子的答复，于是说“那么就这样做吧”来诱导孩子。这样的场景并不少见。

有时候确实因为时间和场合，我们没办法一直等下去。但如果条件允许，请尽量耐心等待孩子自己说出答案。

另外，孩子很有可能需要在内心整理一下思路，所以时间会慢一点儿。千万不要因为这样就脱口说出“你不回答就别跟我走了”这样的话。

家长的本意并不是要把孩子扔在那里，不过是希望孩子“早点儿做出反馈”而进行催促。但对于孩子来说，被家长扔在原地可是一件非常可怕的事情，让人惶恐不安。**请牢记，不要说出威胁性语言。**

另外，**还要给孩子留出情绪过渡的时间。**

曾经有家长问过我："孩子大闹的时候，可以把他扔在那里不管吗？""闹得太厉害，参考育儿书里的做法，让他自己在昏暗的房间里待了一会儿。没想到孩子怕黑，可把他吓坏了。"

在育儿理论中，有一种叫作"自然冷静"法。也就是在孩子不听话、大哭大闹、冷静不下来的时候，让孩子到另外的房间自己冷静一会儿的方法。

有的孩子（成年人也是如此），确实能在换了环境以后自己慢慢地冷静下来。**但是请家长牢记，绝对不要强行把孩子关起来。孩子知道自己正在接受惩罚，但请不要把孩子独自关在封闭的房间里。**

要是孩子在家里或者其他没有影响的地方大哭大闹，就请默默地陪伴他一会儿吧。如果在公共场所，不想引人注目，则可以把孩子带到其他地方。

因为孩子需要时间来调整心情，所以与其一直跟孩子喋喋不休地讲道理，不如让孩子知道家长在默默地守护着自己。这时候，只要家长在孩子的视线内就好。不要让孩子感觉自己被无视了。可以告诉孩子，“等你冷静下来以后叫妈妈”，也可以在孩子附近边做家务边陪着孩子。等孩子平静下来以后，好好问问孩子为什么。

每个人调整心情所需要的时间不同。**但就算小时候总是大哭大闹，长大之后次数也一定会减少。**如果孩子能在爆发之前的瞬间克制住自己，把自己的感受讲出来，请家长一定给予孩子肯定，比方说：“你能把这种心情告诉我，妈妈真高兴。”

几次以后，孩子就能慢慢学会用语言表达自己的感情了。

把共情和之后的行动分开考虑

把共情和之后的行动分开考虑，是一件非常重要的事情。

大多数场合，我们容易把这两件事混为一谈。

“共情”，是指“懂得你的那种感受”，并尊重这种存在。就算不能感同身受也没关系。虽然是自己的孩子，但毕竟也是完全不同的另一个人，所以就算你感到无法理解孩子的“想法”，也是很正常的。

那么，让我们一起思考一下，下面这些场景应该如何处理吧！

家长想：“孩子应该收拾一下这些玩具。”但是孩子说：“不想收拾。”那么这时候，家长就应该理解孩子“现在不想收拾”的情感，然后跟孩子商量：“那你来说说，怎么办好呢？”

如果孩子诚实地表述出自己的想法，比方说“等这个做完以后就收拾”“我正搭积木呢，先让我放一会儿吧”，那么就可以一起想一个双方都能接受的方案。

但如果孩子只是一味抗拒，说“不想收拾”，那么家长就没必要迁就孩子说“那就不收拾吧”。

家长和孩子自己协商出“折中方案”，是最理想的方案。如果耐心地履行这个步骤，孩子就能从中学会交流的方法。当孩子与自己的小伙伴意见相左时，一定会提议双方各抒己见，然后一起商量一个“这么办吧”的好方法。

当然，亲子之间也好，朋友之间也罢，也许并非每次都能友好协商出一致的意见。但是，为了尊重彼此的见解，沟通的过程是非常重要的。

好漂亮的天空！

请享受与孩子相处的时间吧！
孩子绝对是你的小帮手。
而且，你也绝对能成为孩子的好伙伴！

篇尾语

我从住在瑞士的妈妈那里听说了这样的情况。据说在一个孩子的生日聚会上，组织聚会的妈妈和爸爸张罗着大家一起做游戏。那位妈妈跟孩子们说："有人想玩××游戏吗？"可是听到大人的召唤，三个孩子却都表示不想参加——"我不玩。""我不喜欢那个。"

这种时候，你会怎么做呢？

这位妈妈的做法是尊重孩子们的选择。

跟我说这件事的妈妈，以前也遇到过同样的事情。当时，她家孩子一边哭一边说："不啊，不想跟大家一起玩！"结果，这位妈妈还要反过来安慰孩子说："不哭不哭，大家会担心的。开开心心去玩吧！"

回顾当时的场景，这位妈妈说："在这种情况下，要说是关注了谁的心情，那一定是'我的心情'。"由于担心"会让主人家的爸爸和妈妈难堪""给大家添麻烦"，所以采取了这样的举动。说到底，"当时主要是只顾着我自己的心情"。

我在孩子小的时候也遇到同样的场面，当时，也同样催促着孩子和大家一起玩。在日本，大多数人都很在意"合群"。毕竟，大家一起玩的话会很开心，也能体现出团队精神。

但是，**我们应该具体情况具体分析。在有所选择的情况下，去尊重“讨厌”“不想做”的心情也是一件非常重要的事情。**就算开始说“不想玩”而拒绝参加的孩子，也可能在看到大家开心的样子以后主动参与到下一个游戏中。

父母有时可能会想，“拒绝的话不太好”“只有我们家的孩子不参加的话，会给大家添麻烦的”，但这也只是父母的想法。对于孩子来说，就算当时没加入游戏，或许也会在回家路上向父母悄悄说：“看起来挺好玩的啊，我也一起玩就好了。”

“自己的心情得到了尊重。”“但是，大家看起来都很开心。”“所以，只有我没一起玩好像也挺没意思的。”……**父母努力理解孩子的心情，让孩子感受到自己的真实想法被父母接受，这对孩子来说非常重要。**在每一个这样的瞬间，都是孩子向你敞开心扉的时刻。

在一个又一个忙碌的日子里，也许做不到珍视孩子的每一份心情。

因为时间有限，所以跟孩子玩耍或者对话的时间也有限。自己的事情已经够多的了，更别说顾及孩子的心情了……当然，要全盘接受孩子的情绪是不可能的，但我认为只要“花心思”去面对孩子，就一定能够改变跟孩子交往的方式。通过了解孩子的心情和想法，父母自己也能体验到未曾有过的新鲜想法：“还有这样的想法啊！”“是那样感觉的啊！”由此，父母自己的想法也会随之变得丰富起来。

如果更多的人能像这样享受到和谐的亲子关系，我会非常开心的。

最后，继上一本书之后，上大冈留先生仍然为我们绘制了优秀的插画和漫画。在此，我要特别对上大冈留先生、为本书的企划发行努力奋斗的编辑、一起参与宣传的团队成员表示最真诚的感谢。

同时，也要感谢一直支持我的家人和朋友。我的母亲去年过世了。在此之前，她永远支持我的每一个决定。来自母亲的肯定，无疑是我继续前进的原动力。

我想，如果“不感情用事的育儿生活”变得更加普及，更加理所当然，那么整个社会里的亲子和睦的笑容就会增加。那该多美好啊！在此之前，很希望这本书能带给您一些帮助。

2019年10月吉日　育儿顾问 高祖常子

【作者介绍】

高祖常子（KOUSO TOKIKO）

◉ 育儿顾问。育儿信息杂志《miku》原主编。三个孩子的母亲。

拥有幼儿园教师、保育员、心理学鉴定一级等资格。

◉ 出生于东京都。专科大学毕业后，在某公司工作了10年，从事学校、企业信息杂志的编辑，怀孕、生育之后成为自由职业者。第一个孩子出生后3个月时因为先天性心脏病去世，之后育有两个男孩和一个女孩。由于在育儿过程中很难找到令人感到安心的育儿信息，所以在2000年和丈夫一起建立了育儿网站。2005年到2019年担任育儿信息杂志《miku》的主编。该杂志更名为《ninaru Magazine》后，仍担任行政顾问一职。

◉ 现在除了担任与育儿相关的组织委员之外，还在多个电视节目中担任关于育儿的解说员。同时，一边以育儿杂志为中心担任编辑和执笔的工作，一边在多家地方报纸上连载《育儿专栏》。

◉ 在从事了多年以防止儿童虐待及增进家庭和谐为主题的演讲活动以后，于2017年出版了第一本书。该书得到了多家报纸和刊物的介绍。从此，进一步将“不感情用事育儿”扩展到全社会。

【插图】

上大冈留（KAMIOOOKA TOME）

◉ 插画家。出生于东京都。著有多部畅销作品。虽然在育儿上有过很多困惑，但是孩子们终究还是长大了。他的作品，不论男女老少都很喜欢。

图书在版编目（CIP）数据

育儿别再感情用事 / (日) 高祖常子著；王春梅译.
—沈阳：辽宁科学技术出版社，2021.12
ISBN 978-7-5591-2251-3

Ⅰ. ①育… Ⅱ. ①高… ②王… Ⅲ. ①婴幼儿—哺育—基本知识 Ⅳ. ①TS976.31

中国版本图书馆CIP数据核字(2021)第185212号

出版发行：辽宁科学技术出版社
（地址：沈阳市和平区十一纬路 25 号　邮编：110003）
印 刷 者：辽宁新华印务有限公司
经 销 者：各地新华书店
幅面尺寸：145mm × 210mm
印　　张：6
字　　数：150 千字
出版时间：2021 年 12 月第 1 版
印刷时间：2021 年 12 月第 1 次印刷
责任编辑：康　倩
装帧设计：袁　舒
责任校对：徐　跃

书　　号：ISBN 978-7-5591-2251-3
定　　价：32.00 元

编辑电话：024-23284367
邮购热线：024-23284354
E-mail:987642119@qq.com